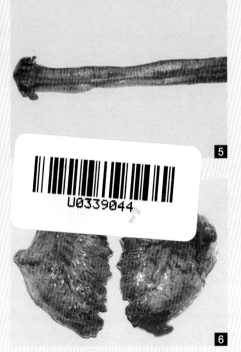

1. 禽流感：精神沉郁
2. 禽流感：流泪，缩颈
3. 禽流感：心外膜出血
4. 禽流感：心内膜出血
5. 禽流感：气管环出血
6. 禽流感：肺脏出血

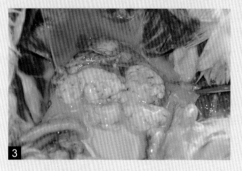

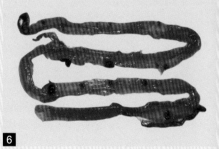

1. 禽流感：腺胃出血

2. 禽流感：肠黏膜弥漫性出血

3. 禽流感：卵泡变形、破裂

4. 禽流感：胰腺出血

5. 副黏病毒病：法氏囊出血

6. 副黏病毒病：肠黏膜有大小不一的溃疡灶

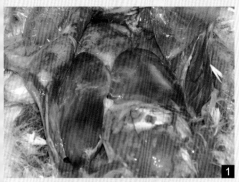

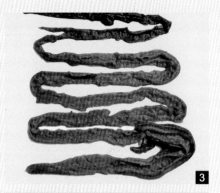

1. 大肠杆菌病：心脏、肝脏表面有黄白色纤维蛋白渗出
2. 大肠杆菌病：输卵管中有黄白色渗出
3. 小鹅瘟：肠道中有黄白色肠栓
4. 小鹅瘟：肠管肿胀
5. 沙门氏菌病：肝脏表面有大小不一的坏死点

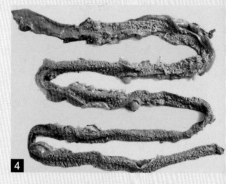

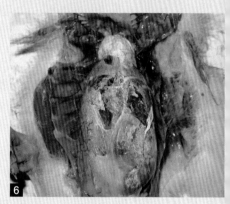

1. 禽霍乱：肝脏肿大，表面有大小不一的黄白色坏死点
2. 禽霍乱：心冠脂肪出血
3. 禽霍乱：肠黏膜弥漫性出血
4. 坏死性肠炎：肠黏膜表面有黄白色渗出
5. 曲霉菌病：肺脏有大小不一的霉菌结节
6. 痛风：心脏、肝脏表面有大量白色尿酸盐

科学
养鹅与鹅病防治

KEXUE YANG'E YU EBING FANGZHI

刁有祥　主编

中国科学技术出版社
·北京·

图书在版编目（CIP）数据

科学养鹅与鹅病防治 / 刁有祥主编 . —北京：
中国科学技术出版社，2019.1（2023.3 重印）
ISBN 978-7-5046-7921-5

Ⅰ.①科…　Ⅱ.①刁…　Ⅲ.①鹅—饲养管理
②鹅病—防治　Ⅳ.① S835.4 ② S858.33

中国版本图书馆 CIP 数据核字（2018）第 105397 号

策划编辑	王绍昱
责任编辑	王绍昱
装帧设计	中文天地
责任校对	焦　宁
责任印制	徐　飞

出　　版	中国科学技术出版社
发　　行	中国科学技术出版社发行部
地　　址	北京市海淀区中关村南大街16号
邮　　编	100081
发行电话	010–62173865
传　　真	010–62173081
网　　址	http://www.cspbooks.com.cn

开　　本	889mm×1194mm　1/32
字　　数	152千字
印　　张	6.25
彩　　页	4
版　　次	2019年1月第1版
印　　次	2023年3月第2次印刷
印　　刷	河北鑫兆源印刷有限公司
书　　号	ISBN 978-7-5046-7921-5 / S・728
定　　价	25.00元

本书编委会

主　编

刁有祥

副主编

陈　浩　提金凤　唐　熠　刁有江

参编人员

刁有祥　刁有江　李志杰　陈　浩

唐　熠　孙丰兰

Preface 前言

　　中国是世界上养鹅数量最多的国家，根据国家水禽产业技术体系对全国21个水禽主产省（直辖市、自治区）调查统计，目前，我国鹅年出栏量约5亿只，鹅肉产量217万吨，占全世界鹅肉产量的90%。鹅是以食草为主的大型水禽，具有很强的适应性，能充分利用青粗饲料，耗料少，不与人争粮，饲养设施比较简单，饲养成本比较低，还可以与农、林、果、渔协调发展，产生良好的生态、经济效益。在畜禽养殖业中，养鹅业具有独特的优势。鹅抗病力比较强，用药少。鹅全身是宝，综合开发利用价值高，鹅肉属绿色安全食品，有益于人体健康。近年来，随着人民生活水平的不断提高，对鹅产品的消费量逐年增加，因此养鹅业具有广阔的发展前景。为满足当前养鹅业的发展需要，我们编写了《科学养鹅与鹅病防治》一书。

　　本书系统介绍了养鹅业的现状、鹅场的规划布局与饲养设备、鹅的繁育与孵化、鹅的饲料与营养、鹅的饲养管理、鹅肥肝生产技术、鹅羽绒采摘技术、鹅病防控技术。本书具有内容系统性、科学性强，理论联系实际等特点。本书配有部分图片，直观易懂，是广大养鹅户及养鹅场技术人员的推荐参考书。

本书在编写过程中得到了国家水禽产业技术体系的鼎力帮助，在此一并感谢。由于笔者水平有限，编写时间仓促，书中缺点和错误在所难免，恳请各位读者不吝赐教，给予批评指正。

刁有祥

Contents 目 录

第一章

养鹅业概况

一、养鹅业现状

（一）国内养鹅业现状

我国是世界上鹅饲养量最大的国家，也是最大的鹅产品消费国。在我国，饲养鹅的历史长达数千年，经人工驯化得到几十个品种的家鹅。近年来，随着经济的发展和人民生活水平的提高，对鹅肉、鹅绒等制品的需求不断攀升。我国养鹅业飞速发展，鹅的存栏量和出栏量均高居世界第一位，饲养量超过了世界上其他国家和地区的总和。当前我国鹅产业由过去的粗放型向集约化、规模化转变，下游深加工产业链逐步延伸，地方优良鹅品种保种和配套系新品种开发工作不断推进，饲养管理水平显著提高。

1. 保种和育种 我国鹅育种工作大约在20世纪90年代开始，主要在养鹅较为集中的省份，如广东、浙江、四川、山东、江西和吉林等。保种育种工作主要由研究所、高校和企业联合开展。我国鹅品种资源丰富，除伊犁鹅由灰雁驯化而来，我国其他品种鹅均由鸿雁驯化而来。目前，列入《中国畜禽遗传资源志（家禽志）》（2011年版）鹅品种名录的达31个。我国部分地方鹅品种已建立保种场，并进行了品种的纯化和选育，制定了一系列的饲养和选育标准。同时，国家水禽种质资源基因库于2006

年在江苏泰州建成并运行，对我国水禽品种保种、育种和开发等工作具有重要的战略意义。经近二十多年的现代育种技术选育，一批具有优良生产性能和性状的品种鹅已经大规模饲养，如扬州鹅、天府肉鹅、狮头鹅、五龙鹅等。通过选育，培育的商品鹅具有生产性能优良、整齐度好的特点，适合于推广养殖。当前针对肉用型、肥肝型和绒肉兼用型鹅品种的配套系还有待于进一步提高和完善，因此，建立适合集约化、产业化、标准化的优质良种鹅繁育体系还需要科研、生产工作者的共同努力。

2. 饲养管理　随着养鹅业的不断发展，鹅的营养需求、饲料管理和饲料配比取得了长足的进步。我国已经有了专门的鹅饲料生产企业，一些科研院所、企业和高校等对鹅的营养需求方面进行了相关研究，并制定了一些饲养管理标准和规程。当前我国养鹅业呈现大棚饲养、厚垫料平养、微生态平养、笼养、网上养殖和大群放养等饲养方式并存的多元化格局，并出现了种草养鹅、果园和林地养鹅等农场式循环饲养模式。虽然我国鹅饲养量和出栏量高居世界第一位，但仍处于分散的生产状态，以小规模、低投入、开放式的简易大棚为主体。养殖设施简陋、环境恶劣、免疫程序不规范、药物滥用现象严重、生物安全水平低下等问题一直制约着鹅产业的发展。我国养鹅以舍养、水面养殖、山坡和林地放养以及半放牧饲养方法为主，饲养方法呈现多元化发展。我国缺乏对不同品种鹅的营养需求、饲养和饲料配比等方面系统的标准，虽然针对一些品种制定了推荐的标准，但缺乏基础性资料支撑。落后的饲养管理带来一系列负面问题，如粪便对水面和土地污染现象严重，药残超标导致产品品质下降，食品安全无法保障等。因此，我国亟须制定鹅的饲养管理标准。

3. 疫病防控技术　近年来，我国鹅病防治技术取得了长足进步。国内学者进行了鹅禽流感、副黏病毒病、小鹅瘟、呼肠孤病毒感染的研究。此外，对禽霍乱、里默氏杆菌病和寄生虫病防治的研究工作也取得了一定进展，有效保障了我国养鹅业的健康发展。但由于鹅的规模化程度较低，养殖人员对疫病的防控意识较为淡薄，不同日龄鹅混合饲养、开放式或半开放式饲养、粪便清理不及时、消毒措施不合理等问题仍普遍存在，尤其是饲养环境恶劣，导致各种疫病常发，造成巨大经济损失。为了保障养鹅业健康稳定的发展，必须建立完善的生物安全体系，提供有效的疫病综合防控措施，采取预防为主、防治结合的策略，减少疫病的发生和流行。

4. 下游（深）加工产业　屠宰是连接养殖生产和消费市场的纽带，是推动鹅产业化发展的重要环节。目前我国专业的大型鹅屠宰企业较少，且发展水平不均衡。鹅的屠宰多在作坊式小型加工点完成，产品单一，未形成规范的屠宰标准，产品质量差、卫生条件不达标，无法满足鹅产业和市场的需求。因此，我国鹅主要饲养地区应建立肉鹅屠宰标准化规程，并加强鹅屠宰龙头企业的建设。

鹅产品主要包括鹅肉、鹅绒、肥肝和鹅蛋等，我国对鹅肉和鹅蛋的消费量与饲养量水平相当，与发达国家相比，鹅绒和肥肝的消费还处于较低水平。我国多个省份历来有吃鹅的习俗，尤其是一些熟鹅制品，如广东烧鹅、南京盐水鹅、四川板鹅、绍兴白斩鹅和扬州风鹅等，饲养量无法满足当地消费需求，需从东北、山东等地调运，北养南运一直是肉鹅生产和消费的格局。熟肉制品多在农贸市场和酒店出售，适于短期保存和食用，鲜有龙头企业规模化生产、销售，制约了优质的鹅肉熟食消费市场的扩大。因此，应积极开展鹅的分割加工，进一步研制鹅肉熟食制品，优化生产工艺，完善产销体系，推动鹅肉熟食消费市场。

我国鹅肥肝的生产已有二十多年，一些科研机构和企业结合我国现状不断探索研究，研制了几种适合于我国不同地区的鹅肥肝生产工艺。我国多个省份主要通过引进朗德鹅进行鹅肥肝的生产，近年来，一些科研院所和企业也在利用朗德鹅与地方优良品种进行杂交育种，获得繁殖能力强、生产性能优良的专门化鹅苗，用于肥肝生产。随着人们生活水平的不断提高，国内消费市场对肥肝的需求缺口较大，预计2020年左右，鹅肥肝的年产量能达到1000吨以上。但我国鹅肥肝生产准入门槛较低，饲养管理水平较差，缺乏深加工企业，导致出口量和产业效益较低。杂交育种、养殖技术和屠宰产业化以及深加工是制约肥肝产业发展的重要因素。

我国是世界最大的羽绒生产和消费国。自20世纪90年代我国羽绒产量大幅提升，大大增加了鹅的经济效益。我国鹅绒产业主要集中在长三角、珠三角和中原地区，其中以皖西白鹅绒最佳，多地已形成生产、加工和销售一体化的产业链，并建立了多个羽绒毛交易市场。我国羽绒及羽绒制品已形成多个品牌，成为鹅产品出口创汇的主力军。据不完全统计，2011年，我国羽绒（毛）出口贸易额达31.85亿美元，占全球羽绒（毛）出口总量的55%。

我国居民禽蛋主要以鸡蛋为主，鸭蛋次之，而鹅蛋在市场上较为少见。鹅蛋具有低药残、营养丰富、滋补等优点，过去鹅蛋主要见于酒店高级菜肴和食疗方剂。随着养鹅业的快速发展，鹅蛋逐渐进入普通家庭，制成的咸蛋和松花蛋受到人们的欢迎。近年来种蛋一直供不应求，市场上所售多为无精卵，限制了鹅蛋的供应量，无法满足消费市场的需求。鹅蛋价格一直攀升，经济效益良好，繁殖性能高的品种如百子鹅、豁眼鹅等可作为蛋用鹅进行饲养。

5. 市场信息化和抗风险机制　当前我国养鹅业处于一种无序生产、盲目投资的状态，尤其是投机性投资经营现象严重，鹅的养殖、加工和销售市场相对较为独立，未能形成产业化链条，不利于我国养鹅业的发展。2015年中国畜牧业协会鹅业工作委员会正式成立，这是首个全国性鹅产业组织，有助于推动养鹅企业互通信息，共同建立鹅业数据库和行业技术标准，提高全国养鹅产业的技术水平和经营管理水平，加快鹅产—购—销一体化、信息化和产业链的建设。通过了解鹅产品供求关系、价格趋势、产品品质需求、产业动态和相关政策法规，以消费市场为导向，指导生产经营者制订生产计划，避免盲目生产造成剧烈的价格波动。

与肉鸡、肉鸭产业采用的"公司＋农户""公司＋合作者＋农户"等养殖模式不同，鹅产业普遍为农户或小型养殖场出全资（鹅苗、饲料和兽药等费用），屠宰企业按照市场价格收购，最后将胴体、羽绒和其他鹅产品进行出售。这种生产经营模式大大增加了养殖阶段的风险。鹅生产经营可以照搬成熟的肉鸡产业，以屠宰食品加工企业为主体，农户从事养殖，企业提供鹅苗、饲料、兽药并进行技术指导，形成良好的"企业＋农户"生产经营模式。同时，为了规避养殖风险，要多关注畜牧业预警信息，购买畜禽养殖保险，将灾后补贴转化为灾前预防，利用社会资金增强养殖抗风险能力，保障鹅产业经济效益。

（二）国外养鹅业现状

世界上养鹅业主要集中在亚洲，除我国以外，东南亚各国水禽饲养量也快速增长。至2014年，亚洲地区鹅出栏量占全世界出栏总量的94%以上。与发展中国家蓬勃发展的养鹅业相比，法国、匈牙利等国家鹅的饲养量逐年下降。与国内相比，国外以肉鹅和肥肝鹅生产为主，饲养科技水平较高。

国外鹅育种以专门化品系进行配套系杂交为主，获得优良的专门化品系如肥肝专用型、肉用仔鹅型和烤鹅型专用品系。通过对鹅的性情温驯程度、产绒量、饲料转化率、肥肝比重、胴体分割产品价值等进行研究，得到了多个专用型良种繁育体系，如引入我国的朗德鹅、莱茵鹅、霍尔多巴吉鹅和罗曼鹅等优良品种。

东欧作为世界上养鹅最发达的地区，饲养管理工艺集约化、机械化程度较高。种鹅饲养采用全封闭式自动化养殖，养殖设备先进，整合了自动饲喂系统、光照控制系统和通风系统，大大提高了生产效率。严格遵守生物安全制度，建立系统的疾病防控体系和隔离区域，降低了疫病发生和流行。

欧洲鹅产品生产高度专业化，尤其是肥肝产品和鹅绒制品的生产、加工。法国在鹅肥肝生产的育种、饲养、生产、加工、运输等各个环节均呈高度专业化水平，其肥肝深加工产品几乎垄断国际市场。法国不仅是肥肝生产的大国，也是肥肝进口、加工和消费的大国。此外，匈牙利和以色列也是鹅肥肝的生产和输出大国。这些国家通过肥肝鹅品种及填饲、屠宰、煺毛和深加工等技术和设备的输出，获得了巨大的经济利益。东欧地区发明了活体采集羽绒技术，生产出世界上最优质的羽绒。他们的成功经验是，通过杂交育种获得白羽肉鹅和肥肝鹅品种，出栏前多次采集鹅绒，开发出羽绒服、羽绒寝具等制品，提高养鹅的综合经济效益。此外，欧洲在鹅肉制品如罐头、香肠等产品的加工方面，产业化程度也很高。

由于地理环境、劳动力成本和动物福利等方面的制约，欧洲地区尤其是西欧国家的鹅饲养量无法提升，甚至呈现萎缩趋势。但其先进的育种方法、饲养管理水平、生产工艺、雄厚的技术人员力量等，值得我们努力学习和追赶。

二、鹅的外貌特征

鹅与其祖先鸿雁、灰雁同属于脊椎动物门、鸟纲、雁形目、鸭科，与其他家禽（鸡、鸭等）相比，有明显的外形差异。鹅的品种、生理状态、日龄、性别和生产性能不同，外貌也具有一定的差异。现将鹅机体分为头部、颈部、躯干、翼部、羽毛、腿部以描述鹅的外貌特征。

1. 头部　鹅的头部较大，没有冠、肉髯等结构，我国鹅品种多为鸿雁驯化而来，前额长有半球形肉瘤，各品种之间肉瘤发达程度不一。一般来说，公鹅比母鹅大，随着日龄增大肉瘤也逐渐增大。欧洲鹅品种和伊犁鹅是灰雁后代，一般没有肉瘤。面部位于眼眶下方及前方，分上喙区、下喙区、眼下区、颊区和垂皮区。鹅喙形状介于鸡、鸭之间，略扁且宽，喙前端明显呈梭尖状。表面覆有蜡膜，下喙有50～80个数量不等的锯齿，舌面乳头发达。喙的颜色不一，多为橘红色和黑色。有些鹅下颌部位垂皮发达而松弛，向颈部延伸，形成咽袋。有些鹅头顶部位有缨毛。

2. 颈部　鹅颈部较粗长，并有弯曲，可分颈背区、颈侧区（两侧）和颈腹区，各占1/4。中国鹅颈细长且弯曲，能挺伸，呈弓形。国外鹅品种颈较粗短。前者产蛋性能较好，后者育肥性能较好。一般来说，大型鹅的颈部要短一些，小型鹅较长。

3. 躯干　除头、颈、翼、尾和腿部以外都属于躯干部。与其他家禽相较而言，鹅的体躯长而宽，紧凑结实，呈舟形。躯干部分为背区、腹区和左右两肋区，也可分为背、腰、荐、胸、肋、腹和尾部等部分。由于品种、年龄、性别不同，鹅的体躯大小形态差异显著。以青年和成年鹅为例，一般大中型鹅体躯颀长、骨骼粗大、肉质粗、生长快、产肉性能好；小型鹅体躯较小、骨骼细、结构紧凑、肉质细嫩。有些品种产蛋母鹅如埃姆登鹅腹部皮肤下垂形成1～2个袋状皱褶，称皮褶或腹褶，俗称"蛋窝"或"蛋袋"。鹅的腹部主要是消化和繁殖器官所在部位，胸骨和大腿是肌肉附着处，胸肌不发达，比鸡、鸭胸肌小，颜色发红发暗，腿部肌肉发达。

4. 翼部　翼部又称翅膀，宽大厚实，具有飞翔和保持身体平衡的重要功能。翼上羽毛主要由主翼羽和副翼羽组成，主翼羽10根，副翼羽12～14根，在主翼羽与副翼羽之间有1根较短的轴羽。

5. 羽毛　鹅的羽毛是皮肤的衍生物，其结构一般分为3种：正羽、绒羽、纤羽。正羽是鹅身最为显眼的羽，成熟正羽又分为飞翔羽，它包括翅膀上的主翼羽、副翼羽和尾巴上的尾羽；体羽长在躯干、颈、腿等部位。正羽中间有1根羽轴，其下段称羽根，埋在皮肤的羽囊中，上段为羽茎，羽轴的两侧生羽片，羽片由许多相互平行的羽枝构成，羽枝上又生有 2 排小羽枝，小羽枝上有小钩，相互交织在一起就形成羽片。绒羽没有羽轴，只有 1 根很短而细的羽茎，羽枝较长，小羽枝上没有小钩，1 个绒核周围包裹着呈放射状的绒丝，呈朵状，又称绒朵。在鹅体上紧靠每一根正羽的毛间都有一细软的绒羽，它生长在鹅体正羽的内层，紧贴于皮肤，起隔热保温作用。纤羽是单根存在的纫羽枝，特点是细软而长，主要着生在正羽内层无绒羽的地方。鹅的羽毛颜色主要为白色和灰色。一般来说，在营养丰富、代谢旺盛条件下，羽毛发育状况良好，反之则发育不好。

6. 腿部 鹅腿部粗壮有力、肌肉发达，由大腿、小腿、胫部和蹼组成，其长短和粗细与品种和性别相关。鹅腿部位于躯干的后下方，大腿、胫骨和部分小腿被羽毛覆盖，大、小腿有发达的肌肉以支撑身体。脚掌有 4 趾，3 趾之间有膜相连，称为蹼，是游泳的主要结构。胫部和趾大部分裸露，表面覆有角质化的鳞片，趾端的角质称为爪。

7. 尾部 鹅的尾部较扁平，尾羽不发达，略上翘。尾羽下掩有发达的尾脂腺，分泌脂肪、卵磷脂和高级醇。鹅梳理羽毛时常将分泌物涂遍全身羽毛，使羽绒光滑、润泽，具有疏水、防止羽毛在水中浸湿的作用。

三、鹅的生活习性

掌握鹅的生活习性，根据这些特点加强饲养管理，能够发挥其生产性能，有效地提高经济效益。

1. 喜水性 鹅的祖先是鸿雁和灰雁，主要生活在河流、湖泊和沼泽等附近，经过数千年的驯化和选育，家鹅仍保留了这种习性。鹅喜欢在水域中嬉戏、觅食和交配，每天 1/3 的时间在水中生活，仅产蛋、休息和睡觉时回到岸上。鹅的一些生理特性也是其适应水域生活的进化特点，如蹼利于在水中滑行，尾脂腺分泌物避免羽毛浸湿，耳孔被羽毛覆盖防止进水等。随着日龄的增大，鹅在水中生活时间延长。

在养鹅过程中，尤其在选择场地时要考虑有适当的水面供鹅活动，至少应为其提供水池或较大的水盆，以满足其喜水特点，保障生产性能。适当的水域活动有利于减少寄生虫病的发生，促进羽毛的生长。由于鹅有梳洗和拔毛的习惯，洁净的体表有利于提高羽绒质量和交配活动。应该根据鹅的日龄、天气等因素，掌握下水时间，减少疫病的发生。鹅有水中交配的习惯，当鹅性成熟和繁殖季节时，水中交配次数占总次数的60%。因此，种鹅养殖场一定要设有水池，并及时换水。

2. 啄羽　鹅的啄羽行为主要包括自净啄羽、啄尾和啄背。

（1）自净啄羽　鹅有洁身自净的习性。不同日龄的鹅在睡醒或下水后，都有自行啄羽的习惯。啄羽的顺序依次为肩、背、腹部和颈部，每次啄一根或数根羽毛，从根部往末梢滑出，清除干净后，再从尾脂腺处啄得分泌物涂遍全身。

（2）啄尾　在大群养鹅中，1月龄的鹅群开始建立家系群。家族成员之间识别依赖于啄尾脂腺的分泌物完成，经过7～10天后，家族个体之间记忆固定，不再啄尾。

（3）啄背　是鹅的一种非正常行为，引起啄背的因素有饲料单一、营养缺乏、饲养密度过高、羽毛脏、光照强烈、湿度过大等。轻微时鹅互相啄尾，背部羽毛呈束状，严重时背部皮肤裸露，甚至出血。一旦发生这种情况，应及时找出原因并做改善，防止啄羽在大群蔓延。

3. 摄食　鹅喙呈扁平状，分上下两部分。进食方式主要是铲食，且没有嗉囊结构，每天需要多次进食。鹅的内喙上有锯齿，舌边缘和表皮角质层也呈锯齿状，这种结构有助于鹅采食牧草和硬度较高的食物。此外，鹅在水边等潮湿地方，通过吸水、啄泥沙、上下颌和舌的连续活动，将泥沙甩出以磨损锯齿，类似

"刷牙"活动，称为啮齿。鹅是草食动物，饲料以植物为主，一般来说，无毒、无特殊气味的青草和水生植物都是鹅的天然食物。因此，在水面和草资源丰富的区域适宜于大群鹅的放牧饲养。舍饲条件下，需种植优质牧草以保证青绿饲料的充足。鹅的消化道较长，颈部食管呈纺锤形膨大，盲肠发达，能够容纳较多的食物。肌胃特别发达，内侧有一层坚韧的角质膜，能够用沙石磨碎植物。鹅以青绿饲料为主，也需加入适量精料。鹅耐粗饲、养殖成本较低的特点，适合于我国当前人多粮少的国情。

4. 睡眠 鹅的睡眠包括白昼睡眠和夜间睡眠。白昼睡眠一般在放牧采食或圈养采食精料饮水后，由公鹅带领，在干燥的区域，站立不动，闭目休息，或头藏于翅下，安静休息，个别卧地休息，一般睡眠时间为1小时。夜晚睡眠时大群多为卧姿，少数站立。有2%～3%的站立不睡，承担放哨任务，称为"哨鹅"。轻微干扰时，哨鹅发出"咯咯"声，同家系睡眠鹅发出同样声音回应，并缓慢转移。当遭遇危险情况时，哨鹅发出尖锐的嘶鸣声，鹅大群不分家系，全群飞奔或跃入水池，惊群。利用这种生理特点，民间常养鹅防盗。

5. 合群性 雁在野生环境下，喜群居和成群飞行，这种本性在驯化的鹅群中保留下来。经过训练的鹅，在放牧条件下可远行数千米而不离群。若有离群独处的鹅只，则发出嘶鸣声，同群鹅回应后，孤鹅闻声返群。同群鹅之间也不喜互相打斗，偶见公鹅之间争斗现象。因此，鹅适合于大群饲养，管理较为容易，但在种鹅群中要尽可能减少合群，避免鹅群之间争斗。若发现个别鹅离群后久不归群，极可能是发生疫病，应提前做好防治工作。

6. 警觉性 与其他家禽相比，鹅的听觉敏锐，警觉性强，反应迅速，性急，容易受惊吓而高声嘶鸣。雏鹅阶段要避免外界强烈干扰，种鹅舍内应避免出现色泽鲜艳物品和突发声响，以免鹅群受到惊吓而互相挤压、产蛋量下降。鹅舍周围应保持安静，做好防猫、犬、鼠等工作。当人靠近时鹅会大声嘶叫，甚至用喙啄或用翅扑打。

7. 耐寒怕热　鹅全身被羽毛覆盖，绒羽浓密，保温性能极好；皮下脂肪较厚，因此就有较强的耐寒能力。鹅尾脂腺分泌物具有疏水性，鹅下水时羽毛不会被浸湿而起到水中御寒效果。在较低温度下（10℃）仍可产蛋。在炎热的夏天，鹅由于怕热而多处于水中或阴凉处，采食量下降，产蛋量也不断下降，在七八月份往往停产。

8. 择偶性　鹅素有择偶的特性，随着驯化程度的提高有所加强。公、母鹅都会自动寻找合适的配偶。公鹅通常只与自己中意的母鹅进行交配，而不与群中其他母鹅交配。因此，在鹅群中常形成以公鹅为主体，只数不等的母鹅的小群体。这种自然小群中公、母鹅的比例为 1∶4～6。

9. 产蛋性　鹅喜欢在安静、阴暗的干燥处筑巢产蛋，并且有固定巢位产蛋的特点。当出现占巢时，母鹅之间有时相让，有时发生互相叼啄，但不会发生踩踏和损坏对方巢中蛋的行为。母鹅多为夜间产蛋，夜间鹅不会在产蛋窝内休息，仅在产蛋前半小时，在同家系公鹅陪护下进入产蛋窝，产蛋后卧伏暖蛋休息10～15分钟后离开。当产蛋窝不足时，部分母鹅推迟产蛋时间，影响鹅的正常产蛋。在生产中，应按照集中产蛋时间最多母鹅数量设置足够的产蛋窝，避免母鹅之间争斗和巢外产蛋。

10. 就巢性　就巢性是禽类在进化过程中形成的一种繁衍后代的本能。随着驯化程度的提高，个别品种鹅逐渐失去了抱孵的本能，但多个鹅品种仍保留着较强的就巢性，一般鹅在产蛋10～15枚时开始就巢，时间为十几天至一个月不等。鹅在就巢期间卵巢和输卵管萎缩，停止产蛋，采食量下降。就巢性导致一些鹅品种产蛋率较低。因此，应采取多种措施减少或制止鹅的就巢行为，增加产蛋率，提高种鹅生产性能。

四、鹅的生产特点

养鹅生产中的关键环节包括种蛋孵化、育雏、青年鹅、种鹅和肥肝鹅的饲养，针对这几个关键环节对鹅的生产特点进行概述。

（一）种蛋孵化

种蛋的质量决定了孵化率的高低和鹅苗的成活率，因此在生产中要严格筛选合格的种蛋进行孵化。首先，要选择来源明确的种蛋，种蛋要来源于生产性能优良、繁殖性能高、遗传性状稳定的健康鹅群。对于外源种蛋，要了解种鹅群的疫病情况，并抽检种蛋中抗体和病原情况，严禁从疫区购入种蛋。其次，要保证种蛋的新鲜，一般来说，超过 2 周的种蛋，孵化率大大降低。最后，应保持种蛋表面洁净，具有合适的颜色、形状、蛋重和蛋壳厚度，保障良好的孵化效果。

新鲜种蛋往往无法及时入孵，因此，需要经过短时间的保存。如果保存条件和过程不当，容易导致孵化率和成活率下降。为了使胚胎停止发育，保存温度一般在 8～18℃，有条件的可将温度控制在 10～11℃。最佳保存的相对湿度为 70%～80%。在保证温度和湿度稳定的前提下，保持良好的通风，防止种蛋冷热不均和异味进入。一般来说，种蛋保存不应超过 1 周。种蛋应尽快入孵，不能超过 2 周。

入孵前种蛋应进行清洗、消毒，避免有害微生物进入胚胎和孵房，防止疫病发生和交叉感染。处理过的种蛋入孵前，需置于室温下数小时进行复温，然后送入灭菌消毒的孵房进行人工孵化。通过控制孵化条件，如温度、湿度、翻蛋次数、通风、凉蛋时间等，期间将无精蛋和死胚蛋及时拣出，科学孵化，直至出壳。孵化设备最好设有备用电源，否则一旦停电，损失严重。雏鹅出壳后进行分级筛选和公母鉴定，将肢体残疾、关节肿大、大肚等残次雏鹅淘汰，弱雏单独隔离饲养；采用翻肛、顶肛或捏肛法进行性别鉴定并分群。

（二）肉用仔鹅生产特点

肉用仔鹅直接面向消费市场，是产业链实现经济价值的终端产品，其生产性能高低直接影响经济效益。雏鹅出壳后具有生长发育快、新陈代谢旺盛、体温调节能力差、消化力弱等特点，因此，需要针对上述生理特点进行生产饲养管理。雏鹅生长发育需要良好的环境条件，适宜的温度、湿度、饲养密度、通风、光照等是必备的外部条件。提供易消化、营养丰富全面的饲料，以精料与青绿饲料混合制成的颗粒料最佳。出壳雏鹅开食前先饮水，待部分卵黄吸收后正常进食。3天后可掺入少量沙粒，放牧鹅群无须添加。雏鹅长至5～7日龄时，舍内温度可逐渐降低进行脱温，直至20～30天后室温饲养即可。育雏过程中要注意防鼠灭蚊蝇工作，保持舍内清洁，减少外界噪声和剧烈动作产生的应激。同时做好禽流感、小鹅瘟等疫病的免疫。

雏鹅经过舍饲育雏和短期放牧训练后进入青年鹅阶段。青年鹅对外界的适应性和抵抗力增强，具有耐粗饲、生长发育快的特点，可采用放牧为主、补饲为辅的饲养方式。由于青年鹅尚未发育完全，由舍饲转向放牧需要一定的适应过程。首先选择长有充足青绿饲草的放牧场地，控制放牧时间和提供水源；还要调整鹅群大小并进行合群训练，观察鹅群并实施补饲，做好防疫工作；最后经转群并入育肥鹅群或种鹅群。选择健康的青年鹅进行育肥，目前多采用圈养限制运动育肥法。饲喂碳水化合物含量较高的饲料，减少运动，使能量和养分大量转化为脂肪在体内沉积，促进增重，达到屠宰标准后即可出栏。

（三）种鹅生产特点

育成期种鹅又称后备种鹅，其生理特点与青年鹅相似。为了培育品质优良的子代，留种用青年鹅须经三次选育。一般来说，选择体形较大、健壮、发育匀称、雄性形状显著的公鹅，中等体重、体形长而圆、臀部宽广而丰满、间距宽的母鹅留作种鹅。留种时遵循一定公母比例。育成期种鹅在100天左右时，公母鹅分开管理饲养。第二次换羽结束（120日龄左右）时，实行限饲管理，直至开产前50天左右再正常饲喂。目前多采用降低饲料营养水平的方式进行科学限饲。开产前50～60天应逐渐提高日粮的营养水平，将公、母鹅按照一定比例混群饲养。期间种鹅第一次换羽，可人工强制换羽，便于管理，使种鹅同步进入产蛋期。开产前应进行禽流感、小鹅瘟等疾病的疫苗免疫。

产蛋期种鹅饲养管理的精髓在于提高产蛋量和种蛋受精率。产蛋前期要饲喂全价配合饲料积累充足的营养物质，提供充足的光照促进性成熟，调整公母比例并合群形成自然小群。根据母鹅的体态、食欲、配种表现等，提前准备产蛋窝。产蛋期母鹅主要采用舍饲方式，适当补充青绿饲料，饲喂后放于舍外运动场运动、游泳，提高受精率。舍内设置足够的产蛋窝，避免出现窝外蛋。对有就巢行为的母鹅隔离饲养，控制其就巢性。当产蛋数量减少、畸形蛋增多，种蛋受精率下降，母鹅羽毛干枯时，进入休产期。天气炎热时鹅停止下蛋，因此，我国自北向南，鹅的休产期也逐渐延长。休产期鹅群主要进行淘汰残次鹅和生产性能低下的母鹅，以及多余的公鹅，并重新组群。通过人工强制换羽保持产蛋整齐度，以粗饲料为主进行限饲，降低成本，提高养殖的经济效益。

（四）肥肝鹅的生产特点

鹅的品种对于肥肝的生产起着决定性作用。目前世界上鹅肥肝生产主要品种为朗德鹅，我国利用朗德鹅与国内品种杂交，也培育了一些具有杂交优势的肥肝鹅。由于公鹅体格较大，选用公鹅进行填饲能够获得更高质量的肥肝。此外，饲料营养配比和填饲技术也是影响肥肝生产和质量的重要因素。不同类型的玉米、脂肪来源、添加剂等对鹅肝的增重、颜色、质地等均有影响。填饲技术的最终目的是获得质量上乘的肥肝。选择合理的填饲方法和填饲时间，对填饲期鹅进行科学管理，减轻鹅的应激，避免填饲过度。

五、鹅的品种与分类

与鹅饲养量的分布格局相似，我国是世界上鹅品种资源最丰富的国家，此外，家鹅在日本、韩国、东南亚、欧洲和美洲也有广泛分布。鹅品种的分布与不同地区人民对鹅的喜爱程度密切相关。亚洲鹅品种多由鸿雁驯化而来，我国伊犁鹅和欧美鹅品种多由灰雁驯化。据不完全统计，目前世界上鹅品种有150余种，仅在我国就多达30余种。当前鹅品种较多，通常按照体形大小、生产用途和羽毛颜色进行分类。

（一）鹅品种命名

多数鹅品种名称在驯化和饲养之初就已确定，是几千年以来劳动人民在长期的生产实践中总结命名。鹅品种命名方式大致分为以下几种。地方品系多以原产地命名，如阳江鹅、五龙鹅、太湖鹅、莱茵鹅等；或以原产地和羽色命名，如浙东白鹅、皖西白鹅、兴国灰鹅等；有的以外貌特征或生产性能命名，如乌鬃鹅、狮头鹅、百子鹅、籽鹅等。命名的多样化体现了劳动人民的勤劳和智慧。一些自然变异个体的出现不符合其品种名称，地方品系的命名有待于进一步规范。当前我国鹅培育品种或配套系命名多采用地区（选育单位）和体形外貌特征命名原则，如天府肉鹅等。

（二）按体形分类

按照体形对鹅品种分类最为常用。根据成年鹅活体毛重大小，一般将鹅分为大、中、小型鹅。大型鹅体重公鹅为 10～12 千克，母鹅为 6～12 千克，如狮头鹅、图卢兹鹅、埃姆登鹅等；中型鹅体重公鹅为 5.1～6.5 千克，母鹅为 4.4～5.5 千克，如雁鹅、扬州鹅、溆浦鹅、朗德鹅等；小型鹅体重公鹅为 3.7～5 千克，母鹅为 3.1～4 千克，如豁眼鹅、百子鹅、乌鬃鹅等。一般来说，体形越小的品种，产蛋性能越优良。

（三）按生产用途分类

根据生产用途，鹅主要分为肉用型、肉绒兼用型、肝用型鹅和其他用途鹅。肉用型鹅生长速度快、肉质优良，多数鹅品种属于肉用型鹅，如狮头鹅、扬州鹅等；肉绒兼用型鹅不仅肉品质好，产绒性能也优良，如莱茵鹅、霍尔多巴吉鹅、卡洛斯鹅等；有些鹅填饲后产肥肝性能优良，如朗德鹅、狮头鹅等；少数鹅品种具有观赏、伴侣和劳役的优势，可作为伴侣动物、观赏动物或役用动物。

（四）按羽毛颜色分类

根据羽毛颜色，鹅主要以白色和灰色两个系列为主。白鹅品种成年鹅全身羽毛为白色，有时偶见头顶有黑色或褐色条纹，或背部两侧有暗黑色的小花纹，如扬州鹅、浙东白鹅、豁眼鹅等；灰鹅成年鹅胸、腹部羽毛为灰白色，背部、颈背部和翅部羽毛呈灰色，如狮头鹅、乌鬃鹅、阳江鹅、伊犁鹅等。近年来为了提高鹅绒质量，增加经济效益，也培育出一些如白羽狮头鹅等优良品种。

（五）常见鹅品种介绍

1. 扬州鹅　见图 1-1。属中型鹅种，具有遗传性能稳定、繁殖率高、耐粗饲、适应性强、仔鹅饲料转化率高、肉质细嫩等特点。主产于江苏省扬州市高邮、仪征及其邗江区，目前已推广至江苏全省及山东、安徽、河南、湖南等地。外貌特征为头中等大小，高昂。前额有半球形肉瘤，瘤明显，呈橘黄色。颈匀称，粗细、长短适中。体躯方圆、紧凑。羽毛洁白、绒质较好，偶见眼梢或头顶或腰背部有少量灰褐色羽毛的个体。喙、胫、蹼橘红色，眼睑淡黄色，虹彩灰蓝色。公鹅比母鹅体形略大，体格雄壮，母鹅清秀。雏鹅全身乳黄色，喙、胫、蹼橘红色。

图 1-1 扬州鹅 （陈国宏《中国养鹅学》）

扬州鹅具有优越的生产性能。①生长速度与产肉性能平均体重。初生 94 克；70 日龄 3 450 克；成年公鹅 5 570 克，母鹅 4 170 克。70 日龄平均半净膛屠宰率公鹅 77.30%，母鹅 76.50%；70 日龄平均全净膛屠宰率公鹅 68%，母鹅 67.70%。②产蛋性能与繁殖性能。平均开产日龄 218 天。平均年产蛋 72 枚，平均蛋重 140 克。蛋壳白色。公母鹅配种比例 1：6～7。平均种蛋受精率 91%，平均受精蛋孵化率 88%。公母鹅利用年限 2～3 年。

2. 狮头鹅 见图 1-2。是我国最大的鹅种，最重者可达 20 千克。狮头鹅的肉质与一般鹅不同，肉松软且鹅味重。原产于广东饶平县，现在广西、云南、北京等二十余省份均有分布。该鹅种的肉瘤可随年龄而增大，形似狮头，故称狮头鹅。额下肉垂较大。喙短而宽，颈长短适中，胸腹宽深，胫和蹼为橙黄色或黄灰色。成年公鹅体重10～12千克，母鹅9～10千克。生长迅速，体质强健。成熟早，肌肉丰厚，肉质优良。极耐粗饲，食量大。70～90日龄上市未经肥育的公鹅为6.18千克、母鹅为5.51千克，全净膛屠宰率公鹅为71.9%、母鹅为72.4%。年产蛋量仅有25～35枚，母鹅利用年限为5～6年。

图1-2　狮头鹅（灰羽）（陈国宏《中国养鹅学》）

3. 太湖鹅　见图1-3。原产于江浙两省太湖周边地区。太湖鹅体态高昂，体质细致紧凑，全身羽毛紧贴。肉瘤圆而光滑，无皱褶。颈细长，呈弓形，无咽袋。从外表看，公母差异不大，公鹅体形较高大雄伟，常昂首挺胸展翅行走，叫声洪亮，喜追逐啄人；母鹅性情温驯，叫声较低，肉瘤较公鹅小，喙较短。全身羽毛洁白，偶在眼梢、头顶、腰背部有少量灰褐色斑点；喙、胫、蹼均橘红色，喙端色较淡，爪白色；眼睑淡黄色，虹彩灰蓝色。雏鹅全身乳黄色，喙、胫、蹼橘黄色。

太湖鹅初生重为91.2克；成年体重公鹅4 330克，成年母鹅分别为3 230克。半净膛率成年公鹅为85%，母鹅为79%；全净

图1-3 太湖鹅 （陈国宏《中国养鹅学》）

膛率公鹅为76%，母鹅为69%。产蛋性能较好，年平均为90枚左右。公母配种比例1∶6～7，种蛋受精率90%以上；羽绒洁白，轻软，弹性好，保暖性强，经济价值高。每只鹅可产羽绒200～250克。

4. 浙东白鹅 见图1-4。主要分布于浙江东部的绍兴、宁波、舟山等地。浙东白鹅中等体形，结构紧凑，体躯长方形和长尖形两类，全身羽毛白色，额部有肉瘤，颈细长腿粗壮。喙、蹼幼时橘黄色，成年后橘红色，爪白色。初生重为105克；成年

图1-4 浙东白鹅 （陈国宏《中国养鹅学》）

体重公鹅为 5044 克，母鹅为 3985 克。70 日龄半净膛为 81.1%，全净膛为 72.0%。150 日龄开产，年产蛋 40 枚左右。公母配种比例 1∶10，种蛋受精率为 90% 以上。

5. 皖西白鹅 见图 1-5。原产于安徽省六安地区，是我国优良的中型鹅种。体形中等，体态高昂，气质英武，颈长，呈弓形，胸深广，背宽平。全身羽毛洁白，头顶有橘黄色肉瘤，喙橘黄色喙端色较淡，虹彩灰蓝色，胫、蹼均为橘红色，爪白色。

图 1-5　皖西白鹅　（陈国宏《中国养鹅学》）

初生重 90 克左右；成年体重公鹅为 6120 克，母鹅为 5560 克。公鹅半净膛率为 78%，全净膛率为 70%；母鹅半净膛率为 80%，全净膛率为 72%。年产蛋 25 枚左右。公母配种比例 1∶4～5，种蛋受精率为 88% 以上。皖西白鹅羽绒质量好，一只鹅产绒 349 克，尤以绒毛的绒朵大而著称。

6. 豁眼鹅 见图 1-6。又称五龙鹅，为白色中国鹅的小型品变种之一，以优良的产蛋性能著称。豁眼鹅广泛分布于山东莱阳、东北三省等地。体形轻小紧凑，头中等大小，额前长有表面光滑的肉质瘤，眼呈三角形，上眼睑有一疤状缺口，为该品种独有的特征。山东产区的鹅颈较细长，腹部紧凑，有腹褶者占少数，腹褶较小，颌下有咽袋者亦占少数；东北三省的鹅多有咽袋和较深的腹褶。

图 1-6 豁眼鹅 （陈国宏《中国养鹅学》）

豁眼鹅为肉蛋兼用型，具有生长速度快、产蛋率高、繁殖性能优良等特点。初生 70 克；成年体重公鹅 4 360 克，母鹅 3 610 克。年产蛋量为 80～100 枚。全净膛率公鹅为 70.3%～72.6%，母鹅为 69.3%～71.2%。公母配种比例 1：6～7，种蛋受精率为 85% 左右。利用年限 2～3 年。

7. 籽鹅 见图 1-7。主要分布在黑龙江和松花江流域，为一种白色小型鹅种。体形小，略呈长圆形，颈细长，头上有小肉瘤，多数头顶有缨。喙、胫和蹼为橙黄色。额下垂皮较小。腹部

图 1-7 籽鹅 （陈国宏《中国养鹅学》）

不下垂。白色羽毛。初生重约 80 克；成年体重公鹅为 4 230 克，母鹅为 3 410 克。年产蛋量为 120 枚左右。公母配种比例 1∶5～7。

8. 百子鹅 见图 1-8。原产于山东省金乡县和鱼台县地区。体形小、紧凑，体躯稍长，胸宽略上挺，体态高昂，按羽毛分为灰鹅、白鹅两种类型。灰鹅背羽以灰色为主，主副翼羽中间灰褐色，羽尖边缘白色。多数有凤头，喙基部前面有肉瘤，额下有长 7～8 厘米、深 3～4 厘米的咽袋。灰鹅虹彩土黄色，白鹅橘红色。灰鹅喙部为黑色，白鹅喙为橘红色。胫部均为橘红色。爪色灰鹅为灰色，白鹅为白色。皮肤均为白色。

图 1-8　百子鹅（白羽）（陈国宏《中国养鹅学》）

成年公鹅体重 4.3 千克左右，母鹅 4 千克左右；13 周龄公鹅 3 706 克，母鹅 3 400 克。产肉性能较好，屠宰率公鹅 82.66%，母鹅 85.46%。年产蛋 100～120 枚；种蛋受精率 80%～85%，受精蛋孵化率 90%。

9. 天府肉鹅 见图 1-9。是由四川农业大学培育出的遗传性能稳定的品种。母鹅全身羽毛白色，喙橘黄色，头颈细长，肉瘤不太明显。公鹅体形中等偏大，额上无肉瘤，颈粗短，成年时全身羽毛洁白，初生雏和商品代雏鹅头、颈、背、背部羽毛为灰褐色，2～6 周龄逐渐转为白色。成年体重公鹅为 5 400 克，母鹅为4 000克。开产日龄200～210天，年产蛋量80～90枚。公母配种比例1:4，种蛋受精率80%以上。

图1-9 天府肉鹅 （陈国宏《中国养鹅学》）

10. 朗德鹅 见图1-10。原产于法国西南部靠比斯开湾的朗德省，是世界著名的肥肝专用品种。毛色灰褐，颈部、背部接近黑色，胸部毛色较浅，呈银灰色，腹下部则呈白色，也有部分白羽个体或灰白色个体。通常情况下，灰羽毛较松，白羽毛较紧贴，喙橘黄色，胫、蹼肉色，灰羽在喙尖部有一深色部分。

图1-10 朗德鹅 （陈国宏《中国养鹅学》）

成年公鹅 7～8 千克，成年母鹅 6～7 千克。肉用仔鹅经填肥后重达 10～11 千克。肥肝平均重 700～800 克。单鹅在拔两次毛的情况下，可产羽绒 350～450 克。年产蛋量为 30～40 枚。公母配种比例 1∶3，种蛋受精率 80% 左右。

11. 霍尔多巴吉鹅 见图 1-11。是由匈牙利霍尔多巴吉养鹅股份公司多年培育、国际公认的肉绒兼用型优良品种。体形高大，羽毛洁白、丰满、紧密，胸部开阔，光滑，头大呈椭圆形，眼蓝色，喙、胫、蹼呈橘黄色，胫粗，蹼大，头上无肉瘤，腹部有皱褶下垂。雏鹅背部为灰褐色，余下部分为黄色绒毛，2～6周龄羽毛逐渐长出，变成白色。

图 1-11 霍尔多巴吉鹅 （陈国宏《中国养鹅学》）

霍尔多巴吉鹅成年体重公鹅达 8～12 千克，母鹅 6～8 千克。当年饲养期间可进行人工活体拔毛 3～4 次，每批拔毛重量首次为 100～110 克、后几次为 160～170 克、死亡率在 6% 以下。产毛多、含绒量高、绒朵大、弹性好，是目前世界上最好的羽绒，价值较高。年平均产蛋 40～50 枚，公母鹅配比为 1∶3。母鹅可连续利用 5 年，种鹅在陆地即可正常交配，正常饲养情况下，种蛋受精率可达 97%。

12. 白罗曼鹅 见图 1-12。原产于意大利，属于中型鹅种。

丹麦、美国和我国台湾省对白色罗曼鹅进行了较系统的选育，主要提高其体重和整齐度，改善其产蛋性能。该鹅全身羽毛白色，眼为蓝色，额上无肉瘤，喙、胫、蹼与趾均为橘红色。其体形明显的特点是"圆"，颈短、背短、体躯短。

图1-12　白罗曼鹅　（陈国宏《中国养鹅学》）

白罗曼鹅易于饲养，可以用于肉鹅和羽绒生产，也可用作杂交配套的父本改善其他品种的肉用性能和羽绒性能。成年体重公鹅6.0～6.5千克，母鹅5.0～5.5千克。白罗曼鹅饲养87～90天即可出栏屠宰，母鹅平均重6.5千克，公鹅平均重7.5千克。料肉比约为2.8∶1。年平均产蛋40～45枚，种蛋受精率82%以上，受精蛋孵化率80%以上。

六、养鹅业发展前景与趋势

鹅是以青绿饲料等粗饲料为主的家禽，鹅肉集绿色、美味、保健三大优点于一体，世界卫生组织（WHO）最近公布的健康食材排行榜，鹅肉被列为榜首。联合国粮农组织（FAO）把鹅肉列为21世纪重点发展的绿色保健食品之一。鹅的食草性不但可以节约粮食，还可以采用种养结合，形成高效的生态循环农业模式。消费市场对鹅产品需求旺盛，目前养殖量无法满足市场需求。因此，发展养鹅业顺应了我国畜牧业发展趋势，前景十分广阔。

（一）养鹅业发展前景

随着人民生活水平的提高，从追求吃饱到吃好，老百姓的消费观念发生了很大变化。天然、无公害、健康、营养丰富的食物是消费者追求的目的。鹅以青草为主饲，抗病能力强。鹅肉具有低脂肪、低胆固醇和高蛋白的优点，优于猪、牛、羊肉。此外，一些古籍上记录鹅肉具有一定的药用功效。过去我国吃鹅呈明显的地域特点，以江南、华南地区消费人群为主。经济的发展和人员流动加快促使鹅逐渐进入全国大部分地区人们的餐桌，尤其在北京、山东、辽宁等地区，鹅作为高档食材广受人们喜爱。国内市场对鹅的年需求量为9亿羽左右，年饲养量在6.5亿~7亿羽，供需缺口较大。鹅绒制品因其质轻保暖性优良的特点在国内外十分畅销。鹅肥肝素有"软黄金"之称，在国际市场上一直供不应求。我国拥有世界上最丰富的鹅品种，鹅产品加工工艺多样，有利于推动我国养鹅业的进一步发展。

近年来，虽然我国经济发展迅速，但人多地少、耕地流失严重，粮食安全仍面临严峻考验。我国畜牧业以养猪、鸡为主，粮食消耗转化的肉食比例占90%以上。欧美国家肉食多由草料转化而来，牧草是饲料主要来源，约占90%。种草养鹅、林下养鹅等模式不断完善，种养结合的生态农场发展模式与畜牧业发达国家相似，形成良好的循环生态农业，提供更加优质绿色的畜禽产品。另外，与其他畜禽饲养成本相比，种草养鹅成本较低，1只肉鹅的平均盈利为8~10元，远远高于饲养其他家禽的经济收益。因此，减少畜牧业对粮食的依赖性，向以食草畜禽为主的节粮型畜牧业结构转变是我国畜牧业发展的方向。鹅是常见家禽中唯一以草食为主的种类，对缓解我国粮食压力具有重要意义。养鹅成本低、效益好、准入门槛低，是广大农民脱贫致富的好项目。

（二）养鹅业发展趋势

近十年来，我国养鹅业进入了快速发展的阶段，养鹅由家庭副业朝着规模化、产业化方向蓬勃发展。规模化和产业化不是单一的扩大饲养规模，而是需要相关行业利用现代化技术和经济手段互相协作，共同推进。

实现养鹅规模化和产业化，推进养鹅生产集中化和生产专业化。江苏、浙江、山东、辽宁、四川、黑龙江等地区养鹅集中，呈现良好的区域化布局。以公司和合作社为主导，将养殖户和市场进行衔接和整合，淘汰过去无序和混乱的生产模式，推进公司＋农户的养鹅生产模式。利用企业在技术、资金、管理、市场开拓和风险承担能力等方面的优势，形成育种、饲养、加工、销售一体化产业链。规模化能够促进专业化生产，养鹅集中地区产业分工细化，种鹅养殖、孵化、肉鹅生产、屠宰和产品加工等形成专业化群体，这是产业化发展的必然。

标准化是市场经济的必经之路，必须规范养鹅生产标准和加工产品标准。对优良品种进行示范推广，改变当前中小型养殖场育种混乱、多品种混养的状态。只有遗传性状稳定的优良品种，才能使整个市场过程标准化，实现产品标准化。对不同品种鹅饲养场建设、养殖设施、饲养管理、卫生防疫、屠宰和产品加工等方面进行标准化，规范各个产业链环节，最终实现产品的标准化生产。

养鹅业的规模化和产业化离不开科技支撑和政府导向。支撑鹅产业发展的技术主要包括现代化育种、工程化设施、饲料营养配比、生物安全、废弃物无害化处理、食品深加工、信息化处理、市场营销和风险投资等。

鹅产品深加工产业链需逐渐延伸和完善。这是农业行业一体化最重要、最突出的特点。深加工所带来的附加值能够大幅提高产品价值，增加收益，潜力无限，市场前景广阔。如 1 只 5 千克重肉鹅价格约为 80 元，加工成烧鹅或卤鹅市场价格 200 元左右，是原价值的 2.5 倍，还有鹅肝、鹅肠、鹅绒等副产品，其价值更高。法国鹅产品的生产就是现代化流水线深加工的典型代表，对胴体不同组织部位进行分割加工，形成鹅肉肠、鹅肉罐头、肉松等产品，深受广大消费者喜爱。反观我国鹅深加工产品，主要为小作坊生产的烧卤制品等，加工方式和工艺落后，无法形成具备规模的产业，也存在一定的食品安全隐患。

第二章

鹅场规划布局与饲养设备

鹅场是饲养鹅群和组织鹅业生产的重要场所。鹅场的选址、建设、规划布局等需要科学指导，符合土地节约型、环境友好型的畜牧业发展。合格的鹅场应考虑内部结构和外部环境。选择适宜的养殖区域，要符合国家和地方现行法律法规。鹅场建设方案需经多次优化，根据养殖规模、生产指标、饲养方式等合理布局规划场内功能区域，选择先进的养殖设施。场外地势平坦、开阔，通风良好，水源充足，适于饲草种植。鹅场建设是一项复杂而有序的工作，需要集思广益，落实细节，科学、合理、有效地开展各项工作，为养鹅业的规模化发展提供有力保障。

一、场址选择

随着我国养鹅业的发展，鹅场已由粗放型、小规模转为集约化、产业化经营。同时结合养鹅的不同经营方式，如种草养鹅、林下养鹅、鱼塘养鹅等，不同的饲养方式如舍饲、放牧等，综合多种因素进行场址的选择。场址选择的总体要求包括以下方面。

第一，选择隔离条件较好的地区。远离污染源，鹅场周围3千米范围内没有化工、制药、冶炼等企业，保障鹅场周围自然环境良好、无污染。与其他养殖场、屠宰场等的距离应超过2千米，以减少疾病在养殖场、屠宰场之间的传播。距离公路、居民区、学校等人口集中和流动地方应在 1 千米以上，以减少噪声等应激因素，保证鹅场有一个安静、舒适的环境。避开交通主干道，但又需交通便利，最好有道路与公路相连，便于设备、饲料、鹅苗、产品等的运输和销售。

第二，选择有利的地势、地形。鹅场应建在地势较高、干燥的地方。低洼潮湿的地方容易滋生病原微生物，建筑物在潮湿环境下使用寿命缩短。场地要平坦、略有坡度，一方面有利于排水，另一方面可节约建设成本。地形要开阔平整，场地不能过于狭长或呈多角形，不利于布局规划和功能区域的划分。根据饲养鹅种类、饲养方式、数量等确定场地面积。充分利用草地、树林、山川等天然屏障，使鹅场自成小环境，减少外界干扰。

第三，选择合适的土壤质地。鹅群活动需要较大空间的运动场，土壤的透气性、吸水性、松软程度和化学成分含量等均会影响鹅群的生活和健康。以地下水位较低的沙壤土最佳，沙壤土兼具沙土和黏土的优点，透水性、透气性好，吸湿性小，导热性能差，保温效果好，质地均匀，抗压性好。被污染过的土壤上不适合建场，包括化学性污染和微生物污染。

第四，鹅场周围能够获得充足的优质水源。鹅是一种水禽，其日常活动如洗澡、交配等都离不开水，同时饮水、清洗用水和工作人员生活用水也需要大量的清洁水源。水质要保证无污染，以地下水最佳，其次为自来水，其他水源检测合格后也可使用，最好场内建有深水井。当采用地表水时，要及时监测水源地和流动过程中是否发生污染，上游不应有化工、屠宰、养殖等污染源。一旦发现被污染，应立即停止使用该水源。有条件的鹅场可建立水面运动场，要求水面宽阔、波浪较小，水深 1～2 米为宜，水岸以 30°斜坡最佳。

第五，考虑气候条件和其他特殊条件。鹅场应保证小气候条件，冬天不宜过冷、夏天不宜过热。过冷或过热会导致鹅停止产蛋，生产性能下降，养殖经济效益降低。在沿海地区建场时，要考虑台风的影响，台风多发地区不适宜建场。此外，必须保障鹅场电力供应。养鹅过程中孵化、育雏、通风、保温等多项生产活动要求充足而稳定的电源，一旦停电，会对生产造成巨大损失。场地要选择电力输送便捷、稳定的区域，有条件的鹅场可配置备用电源。

二、鹅场布局

鹅场的功能区域布局要求有两点。一方面要便于养鹅的生产活动，如饲养管理、人员活动等；另一方面要满足鹅生产、生活等生理需求，以提高经济效益。鹅场建设分为三步：首先选择好场址；其次进行鹅场和鹅舍的布局设计；最后选择合适的饲养设备和用具。由于地区气候差异和鹅品种习性不同，因此各地在鹅场布局设计上略有不同。要因地制宜，就地取材，在保障正常生产的前提下节约成本，提高养鹅效益。

鹅场通常分为生活区、生产区和污物处理区三大功能区域。生活区主要包括办公室、职工宿舍、食堂、浴室等办公、生活建筑设施；生产区主要包括更衣消毒室、鹅舍、消毒池、仓库等生产设施；污物处理区主要包括沼气池、焚烧炉及其他符合环保要求的粪污处理设备等。从健康和生产的角度出发，各个区域应紧密联系又要各自独立。一般来说，生活区建在上风口和地势较高处，与生产区之间要保持一定距离并有建筑物或树木进行隔断；生产区是从事养鹅生产的核心场所，应设在全场的中心地带，位于生活区的下风口或平行风向，要处于污物处理区的上风口处；污物处理区应处于全场下风向的低洼处，与其他区域要有一定距离并设置隔离屏障，有污道与鹅舍相连，便于粪便等的运输。

划定鹅场各功能区域后，进一步合理设计鹅场内各种鹅舍建筑和设施的排列布局。布局是否合理，不仅关系到鹅场的各工作环节联系、管理、劳动强度和生产效率，而且影响鹅舍小气候的形成和生物安全体系的建立。生活区中办公室建在离正门较近地方，便于与外界交流；职工宿舍、食堂、浴室等应与生产区保持一定距离，减少养殖人员活动对鹅群的干扰。除运输车辆通道外，生活区与生产区仅有更衣消毒室相连，人员进出生产区必须经此处通过，一般设有男、女更衣消毒室两个通道。生产区是鹅场总体布局的主体，通常包括饲料库、蛋库、鹅舍、水池、运动场和道路等。饲料库应位于鹅舍集中位置，并紧挨主道路，便于运输，减轻养殖人员工作量。蛋库应靠近孵化室和种鹅舍，便于种蛋的收集、清洗和孵化。进出生产区道路应设有消毒池。鹅舍之间也应设有消毒池和隔离屏障，以减少鹅舍之间的相互影响，保持相对独立。根据地形地势、气候条件、场地大小和饲养规模等进行鹅舍的布局和建设，尽量做到合理、整齐、美观。鹅舍一般呈纵向或横向分布，不能相互交错。鹅舍排列为多列式，避免布置成狭长状，不便于饲养管理。鹅舍的朝向取决于地理位置和气候环境等因素，要满足鹅舍的光照、温度和通风的要求，在我国主要为东西方向，两侧长轴墙利于冬季防寒保温。鹅舍常设有运动场，包括陆地运动场和水面运动场，一般来说，两栋鹅舍长轴墙之间可作为良好的运动场，其宽度以鹅舍高度的 2.5～3 倍为宜。水面运动场或水池在满足鹅生理需求前提下，不宜过大，使用期间池水应定期更换并消毒。鹅舍两侧端墙应铺设道路，一侧为净道，运输除粪便、病死鹅以外的物品；另一侧为污道，主要运送粪便和病死鹅至污物处理区。污道连接生产区与污物处理区，污物处理区参考畜禽粪污处理场建设标准进行建设，焚烧炉等应配备烟尘处理设备，排放气体应达到大气环境排放标准（图 2-1）。

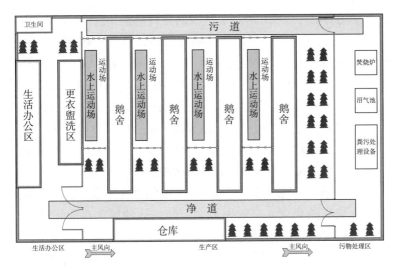

图2-1　鹅场建设布局与功能区域划分

三、鹅舍设计

鹅舍建筑的总体要求是冬暖夏凉，光照充足、通风良好、干燥防潮、易于清洁、使用寿命长等，不同生长阶段的鹅舍要求也有所不同。鹅舍要功能齐全、便于防疫、结构坚固、密闭性好、成本较低。

1. 育雏舍　主要饲养30日龄以内的雏鹅。雏鹅日龄较小，绒毛稀少，体温调节能力差，因此，育雏舍要做到保温、干燥、空气流通。鹅苗育雏多采用网上饲养，距地面为65～70厘米，铺设2～3层硬塑料网，缩小网孔，以免雏鹅行走困难和脚受伤。分为数个隔栏，随着雏鹅日龄增大，饲养密度要降低。舍内地面要比舍外高20～30厘米，地面最好用水泥斜面，便于清理和消毒。南侧窗户要大一些，有利于鹅舍采光、保温和通风。育雏舍南侧可设运动场，应平坦且略向外倾斜，利于雏鹅运动。一旦发现运动场有坑洼或尖锐物时，应及时进行修整和清理。

2. 育成鹅舍 育成鹅生活能力较强，且鹅是耐寒不耐热的动物。因此，育成鹅舍结构简单，能够遮风挡雨、夏季通风、冬季保温、舍内干燥即可。多采用轻钢结构或竹木结构为框架，采用彩钢瓦和泡沫夹心板等材料构建屋顶和围墙。青年鹅羽翼逐渐丰满，骨架、肌肉生长迅速，需要提供足够的陆地运动场。南方地区多设有陆地和水面运动场供鹅群活动，而在北方一般采用旱养和半旱养模式，在运动场放置料槽和饮水器。

3. 种鹅舍 见图2-2、图2-3。种鹅舍对保温、光照、通风等具有较高的要求。一般由鹅舍、陆地运动场和水面运动场组成。运动场面积为鹅舍的1.5～2倍，周围仅有围栏或围墙，并植有树木构成天然屏障。在鹅舍与陆地运动场连接处搭建凉棚，利于种鹅正常的生活和生产。舍内地面用水泥或砖铺制，并要有一定的坡度，舍内地面高于舍外地面，利于排水。鹅舍南侧窗户面积较大，为北侧的3倍大小，利于光照和保温。北侧及拐角处安置木板，上面铺有稻草，为产蛋窝。种鹅饲养密度按照大型鹅

图2-2　种鹅舍正向剖面图

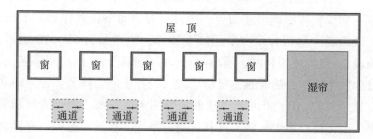

图2-3　种鹅舍侧向剖面图

2～2.5 只 / 米 ^{2}，中小型鹅 3～3.5 只 / 米 ^{2}。有条件的鹅场可采用网上或发酵床饲养模式，可以提高种蛋洁净度，减少鼠害等造成种蛋损坏和种鹅应激。部分价值较高的鹅品种采用改变光照法控制鹅的繁殖季节，进行反季节育种（具体操作见第五章）。

4. 育肥鹅舍　以放牧为主的饲养方式的育肥鹅可不必建舍，临时搭建遮雨棚即可。北方地区多采用舍饲为主，分为地面平养、网上饲养和笼养。饲养密度一般为 4 只 / 米 ^{2}。鹅舍主要是砖木结构的永久性建筑，内部结构与育成鹅舍相似，料槽和饮水器均匀分布在鹅舍内。一般不提供运动场或较小运动场，以减少鹅的活动和能量消耗，达到快速育肥的目的。

四、饲养设备及用具

养鹅设备较为简单，由于规模化鹅场较少，未形成系列化、规格化的养鹅设备。一般采用较为简易的塑料、金属和石器制品，或利用一些鸡、鸭的现代化养殖设备。

1. 保温加热设备　雏鹅饲养时对温度要求较高，因此要对雏鹅采取保温措施。一般多根据自身条件和情况选择使用。煤炉是育雏时最常用、最经济的加温设备，平养或网养时 20～25 米 ^{2} 设 1 个，煤炉设有进气管和出气烟筒，通过调节进气管孔径控制火力。出气烟筒要尽可能延伸长度，热量利用更加充分，保证通畅，防止烟熏造成雏鹅死亡。室内要经常开启门窗通风，防止产生一氧化碳中毒。由于燃煤对环境污染较为严重，部分养殖场采用热风炉和热风机加热进行育雏。暖风炉（机）是以煤、油燃料或电力加热的一种供热设备。结构紧凑，升温迅速，热风干燥清新，风温可调，运行成本低，操作方便，便于大规模育雏。使用时要遵循使用说明，采用正规清洁的油品。在电源供应稳定的区域，也可选择红外线灯泡（250 瓦）进行辅助加热。将灯固定在木板上置于鹅群上方，呈一排或多排为一组。一般来说，雏鹅日龄较小时，灯泡在雏鹅上方45厘米处，随着日龄增大，距离逐渐增大，3周龄时，距离约60厘米为宜。在生产中，常根据鹅群状态进行调节，鹅群扎堆表示温度过低，鹅群远离灯泡说明温度过高，分布均匀时说明温度适宜。红外线灯泡加热，舍内环境较好，管理方便，节省人工，但耗电量大，易损坏，使用成本较高。在育雏中也常使用保温伞进行加热。电热保温伞由圆形、方形和长方形铝箔制成，内置有电热丝、电灯和温度调节装置。电热加热伞的优缺点与红外线灯泡相似。改进后的加热伞热源由燃气或液化气的燃气头提供，大大改善了耗电量大的缺点。

2. 降温设备设施 鹅耐寒怕热，舍内温度过高时，需要对鹅舍进行降温，防止鹅群产生热应激或影响生产性能。目前多采用湿帘降温系统进行降温，该系统由湿帘和风机组成。湿帘是由原纸加工生产而成的蜂窝结构介质，具有高吸水、高耐水、抗霉变、使用寿命长等优点。其降温机制是未饱和的空气流经多孔、湿润的湿帘表面时，大量水分蒸发，空气中由温度体现的显热转化为蒸发潜热，从而降低空气自身的温度。风扇抽风时将经过湿帘降温的冷空气源源不断地引入室内，从而达到降温效果。同时，湿帘还具有通风透气和耐腐蚀性能，对空气中污尘具有极好的过滤作用。冷风机是一种集降温、换气、防尘、除味于一身的蒸发式降温换气机组，有助于通风，增加空气含氧量，有利于鹅的健康生长。

3. 饲喂设备 由于鹅的品种和日龄大小不同，喂料器和饮水器高度和规格也应及时调整。饲喂器具要适合鹅平喙饮食的特点，使鹅能够舒适地伸颈采食饮水，同时要避免鹅群踩踏、进入饲喂器，造成饲料的污染和浪费。饲喂器具可采用塑料盆、铁盆等容器，也可购置专门的料槽、水槽，所有器具要便于拆装、清洗和消毒。饲喂箱是一种价格较低、节约人工和饲料的器具，尤其适合于颗粒饲料。旋转式喂料器由料盘、储料桶和采食栅组成，一方面能够随着鹅采食饲料自动下行，另一方面防止鹅采食时饲料溅出，造成浪费。一般 30～40 只鹅设置 1 个喂料器。饮水器样式多种多样，以商品化的吊塔式饮水器和钟式饮水器最为常见。在一些鹅场，水盆、铁盆、瓦盆等也常用来作为饮水器，在上方设置网罩，防止鹅进入水盆嬉戏玩耍，污染饮水。

肥肝鹅和育肥鹅饲养后期需要专门的填饲设备进行育肥。手动填饲机根据鹅的体形有多种规格，主要由料箱和唧筒组成，出料口上套橡胶软管进行填饲，结构简单、操作方便，适合于小型鹅场使用。中大型肥肝鹅养殖场多采用电动填饲机，可分为螺旋推动式和压力泵式。前者利用小型电机带动螺旋推动器，推动饲料经填饲管进入鹅的食道，适于玉米颗粒的填饲，多在生产鹅肥肝时使用。后者利用电机带动压力泵，将饲料经填喂管填入鹅食道，多采用尼龙或橡胶管作为填饲管，大大减少对鹅消化管的损伤，适合填饲糊状饲料，生产效率较高，常用来填饲烤鹅、烧鹅。

4. 通风设施　鹅舍靠近污道的端墙上设有排风机，逆时针旋转将舍内污浊空气向外排出，将舍外新鲜空气送入舍内。排风机在夏天时与湿帘联用，具有很好的降温、通风效果。风扇也常用于鹅舍的通风，风扇所产生的气流形式适合鹅舍的空气循环。无动力风机常安装于鹅舍顶部与外界相通，新鲜空气会从通风口进入，流向屋顶的排气口，较冷的新鲜空气在流经鹅舍时，会吸收舍内四周的热量，同时将舍内湿气、秽气、粉尘或有害气体排出室外。

5. 照明设备　光照能够影响鹅的性成熟和生产性能。除自然光照外，补充人工光照有助于提高鹅的生产性能。照明设备包括白炽灯、荧光灯、照度计和光照控制器等。采用微电脑控制，根据舍内光照程度和时间进行设定，节省人工和电费。

6. 其他养殖设备　鹅场内还需要种蛋储藏、取绒、运输、防疫、清洗消毒等设备设施。种蛋储存最佳温度为 8～18℃。种蛋库要求安装空调设备，空气相对湿度 60%～70% 为宜，外围安装防虫、防鸟、防兽和防鼠装置。为提高经济效益，鹅场有必要进行活体取绒工作。活体取绒设备模拟人工取绒，可达到取绒不取毛，同时有效保护朵绒，提高经济价值。取绒头不与活体直接接触，没有摩擦，减少刺激。较为先进的活体取绒设备包括机器头、传动装置、集绒仓、集绒袋、抽风机和抽绒管。场内运输物品包括饲料、器具、鹅苗、种蛋、育肥鹅等，多用平板车拖运。防疫过程需要栅栏对鹅群分群，置备冰箱存放疫苗，购买连续注射器等。鹅舍应执行严格的清洗、消毒制度。鹅场内常用压力罐或水塔储存水源。清洗时用高压水枪依次冲洗屋顶、墙壁、笼网、地面等，之后采用喷雾法或熏蒸法等进行消毒。有些鹅场内还配有孵化设备进行自繁自养，饲料加工设备制作饲料等。

第三章
鹅的繁育与孵化

鹅的繁育包括品种培育和杂交育种。对具有优秀生产性能的品种进行纯种繁育和品种培育，并建立核心保种群。利用不同品种鹅进行杂交配套系育种，提高种鹅的繁殖性能及商品鹅的生产性能和抗病能力，以杂交后代为基础进行商品生产，提高养鹅的经济收益。

一、引　种

鹅的引种包括品种选择、引种准备、数量、质量、检疫和运输等多个环节。各个环节需要紧密相连，才能确保养鹅生产的顺利。

（一）品种选择

选择品种饲养时，要综合考虑本地市场需求、消费习惯等因素。根据养鹅经营的产品如鹅肉、鹅绒、肥肝、鹅蛋等，选择合适的品种，达到养鹅致富的目的。东北地区喜食鹅蛋，宜选择产蛋量高的籽鹅、百子鹅等；长三角地区偏好盐水鹅、烤鹅等，可选择生长周期短、肉质优良的扬州鹅、浙东白鹅、皖西白鹅等；华南地区人民喜食灰羽鹅，可选择狮头鹅、乌鬃鹅等优良地方品种饲养。在有羽绒加工和肥鹅肝加工企业的地区，可选择养殖绒肉用型鹅和朗德鹅等品种。

引种前要充分了解该品种的饲养特点、生产性能和饲料营养需求等，包括其外貌特征、繁殖性能、遗传稳定性、饲养管理、抗病能力等，饲养后可据此进行评估。引进种鹅时，要求引进的品种为优良纯种，引种场须出具种畜禽生产许可证。同时也要明确子代商品鹅的生长速度、饲料报酬、出栏日龄、体重等，以提高生产经营收益。引进配套系时，除需明确上述指标以外，还应掌握配套系生产商品鹅的方法。

（二）引种准备

引种前要根据引进品种生产需求和饲养条件准备圈舍和饲养器具，做好鹅舍、运动场、饲养器具等设施设备清洁、消毒、通风工作；对饲养员和技术员提前培训，了解鹅的生产特点和饲养管理方式；根据鹅的营养需求准备充足的饲料，同时应准备常用药物和营养物质；检查场内水电是否通畅，并进行育雏设备的调试；待种苗进场后，投入人力、物力等提高雏鹅的成活率，降低因人为因素造成的死淘率。

（三）引种数量和质量

首次引入新品种时，为降低初次养殖风险和减少失败造成的经济损失，可先少量引入，经过1～2个生产周期后，若引入品种适应性强，养殖效果较好，再大量引种进行繁育饲养。引种时要了解引种场种鹅健康状况，检查种苗，保证雏鹅体格健壮、发育正常，不携带病原体，流感、小鹅瘟、新城疫抗体效价较高。雏鹅和青年鹅对环境适应能力较强，更易于引种成功。引种时间多为秋季和春夏之交，一方面这段时间是种鹅产蛋高峰期，鹅苗价格较低，质量较好；另一方面天气温暖，鹅苗能适应气候变化，提高育雏成活率。

（四）检　疫

引进雏鹅时，需进行隔离饲养 3 周，经检疫合格后方可入场。雏鹅的检疫包括病原菌、病毒、抗体和毒素的检测。一般采用实验室检测方法如凝集试验、显微镜检查等进行多杀性巴氏杆菌、葡萄球菌和沙门氏菌的检测，确保没有细菌感染；病毒分离结合核酸链式聚合反应等进行病毒感染的检测；血凝抑制试验和琼脂扩散试验检测抗体水平高低。

（五）运　输

引种时要选择合适的运输工具、运输途径和载雏箱盒。尽量缩短运输时间，运输过程中应选择较为平坦的路况，以减少途中损失。夏季引种时选择清晨或傍晚较为凉爽时运输，减少热应激。冬春季节引种时尽量安排在晴天的午后运输。长途运输时，途中应多次检查，尤其是过冷、过热和通风不畅时，要及时改善运输条件。引入种蛋时，尽量保持种蛋的保存条件，特别要注意温度。还要防止震动，要求包装结实，填充良好，运输平稳。

二、鹅的生殖系统

生殖系统是种鹅进行繁育生产的功能单位。对公、母鹅的生殖器官结构、功能以及生殖行为进行了解，有助于提高种鹅生产性能。

（一）公鹅生殖系统

公鹅生殖系统主要功能包括产生生殖细胞精子、分泌雄性激素和繁殖后代。生殖器官主要包括睾丸、附睾、输精管和阴茎。

1. 睾丸　有 2 个，左右对称，以睾系膜悬于同侧肾脏前叶的前下方，呈豆状，左侧比右侧稍大。睾丸的大小、重量、颜色等随品种、日龄和性活动不同有较大差异。雏鹅和青年幼鹅睾丸较小，仅为黄豆大小；性成熟时约为花生大小，交配期睾丸很大，达到鸽子蛋大小，此时由于睾丸内有大量精子而呈乳白色。

睾丸外被一层结缔组织白膜包围，但没有隔膜和小叶，内有大量精细管聚集。精子在精细管中形成，精细管互相交汇后形成多条输出管，沿睾丸的附着缘与附睾相连。睾丸的精细管之间分布有大量的间质细胞，主要分泌雄性激素。雄性激素控制公鹅的第二性征发育、雄性活动表现和交配动作等。

2. 附睾 鹅的附睾较小，呈长纺锤形，位于睾丸背侧内缘，被悬挂睾丸的睾系膜遮挡。睾丸的输精小管不与附睾的两端相连，近端与睾丸的输出管相连，远端连接输精管，因此不易区分附睾的头部、主体和尾部。

3. 输精管 输精管是一对弯曲的细管，与输尿管平行，向后逐渐变粗。末端变直后膨大部称为脉管体，是储存精子的场所。输精管进入泄殖腔后变直，呈乳头突起，位于输尿管外侧，称为射精管。鹅没有副性腺。

4. 阴茎 鹅的阴茎呈螺旋状扭曲，具有伸缩性，由左右两条纤维淋巴体构成阴茎的基底部和阴茎体。左侧纤维淋巴体略大。勃起时，左右淋巴体闭合形成一条射精沟，精液从输精管乳头突起处排出，沿射精沟流到阴茎顶端射出。

（二）母鹅生殖系统

母鹅生殖系统主要由卵巢和输卵管组成。母鹅生殖器官仅左侧正常发育，右侧在孵化期就停止发育。

1. 卵巢 位于腹腔左肾前方，由富有血管的髓质和含有无数卵泡的皮质构成。卵细胞在卵泡内生长发育。新生雏鹅卵巢很小，呈乳白色，之后由于血管增生变为红褐色。性成熟前后，卵巢结缔组织相对减少，卵泡及其包裹的卵细胞增大，肉眼可见卵巢表面聚有大量卵泡。产蛋期种鹅卵泡内卵黄颗粒沉积，形成成熟卵泡。卵细胞因含有大量卵黄颗粒称为卵细胞。卵黄颗粒为胚胎发育提供充足的营养物质。卵黄外包有一层薄的卵黄膜，肉眼可见膜内有一白色斑点，称为胚珠，是卵细胞的细胞核和细胞质所处位置，受精后的胚胎由此处开始发育。

卵巢除排卵外，还能分泌雌性激素、孕酮和雄性激素。雌激素有助于卵泡的发育和排卵激素的释放，也可以刺激输卵管的生长，使耻骨张开，肛门增大，利于产蛋。此外，雌激素还能够提高血液中脂肪、钙、磷含量，利于机体组织脂肪沉积。母鹅排卵后不产生黄体，但仍产生孕酮，过量孕酮引起卵泡萎缩，也能导致换羽。卵巢分泌少量的雄激素，与雌性激素具有协同作用促进蛋白的分泌。

2. 输卵管 同卵巢一样，母鹅仅左侧输卵管发育完全，是一条长而弯曲的腔管。雏鹅的输卵管较细，产蛋母鹅的输卵管增大变宽。输卵管由系膜悬挂于腹腔背侧偏左，右侧系膜悬挂未发育的输卵管，呈游离状态。发育完全的输卵管分为五个部分：漏斗部、膨大部、峡部、子宫部和阴道部。漏斗部是输卵管的起始端，中央为宽的输卵管腹腔口，边缘较薄，呈伞状，卵泡经该结构进入输卵管。膨大部又称蛋白分泌部，是最长也是最弯曲的部分，黏膜形成纵褶，内含丰富的胸腺体，分泌物形成卵白。峡部较窄，分泌一种角蛋白，形成卵壳膜。子宫部是位于峡部后方的较宽部位，卵在该部位停留时间最长，黏膜含有壳腺，其分泌物沉积于卵壳膜形成卵壳。阴道部是输卵管末端，弯曲呈"S"形，向后开口于泄殖腔左侧。

（三）生殖行为

鹅交配多在水面进行，有时也在陆地。交配时，公鹅的阴茎勃起并伸入母鹅输卵管的阴道部，精液从输精管射出并沿阴茎的射精沟流入母鹅的阴道部。公鹅射精量不多，但精子浓度很高。精子自身运动逆行至漏斗部，精子与卵子在漏斗部结合形成受精卵，沿输卵管下行，同时受精卵开始早期的胚胎发育。形成完整受精胚排出后，胚胎停止发育，在适宜条件下胚胎可继续发育，直至成为雏鹅破壳而出。母鹅交配后，未受精的大量精子储存在阴道部的阴道腺和漏斗部，其活性可保持 8～10 天。未交配的母鹅也可产蛋，这种蛋为未受精卵，不能孵化出雏鹅。鹅的生殖行为受多种因素影响，如光照、温度、营养、日龄、交配次数等，对母鹅的卵巢发育和卵子形成，公鹅的睾丸大小和精子形成影响效果明显。

三、种鹅生产性能测定

种鹅生产性能包括体形外貌、产蛋性能、蛋品性能、繁殖性能、商品后代生产性能等方面。

（一）体形外貌

体形外貌在一定程度上反映鹅机体的健康状况和生产性能，是各器官功能的总体表现，也是评价种鹅的重要手段之一。体质外形鉴定的原则是先整体、后局部。观察时，在不引起鹅惊吓的前提下，与鹅保持适当的距离。先从前、侧、后方观察鹅的全貌，看其是否符合品种特点、发育是否正常、身体结构是否匀称、有无身体缺陷等。获得整体印象后，再仔细查看全身各部位及动作。之后，触摸皮肤的质感，手指测量耻骨间距和张开程度，以及耻骨末端的柔软性等。最后根据整体印象、触摸质感等，综合分析种鹅是否优良。此外，还可以对各个生长发育阶段的种鹅进行称重，一般包括初生鹅、育雏期、育成期、开产前和产蛋期，体重均匀的种鹅生产性能更为优良。

（二）产蛋性能

产蛋性能包括开产日龄、产蛋量、产蛋率、蛋重和母鹅存活率等方面。个体开产日龄以鹅产第一枚蛋的日龄计算。鹅群的开产日龄为产蛋率达到 5% 的日龄计算。计算个体产蛋量可在傍晚用手指伸入泄殖腔触摸阴道部和子宫部，将探有硬壳蛋的母鹅放入封闭产蛋箱内，次日产蛋完毕后放出。鹅群产蛋量常用入舍母鹅产蛋量表示，为统计期内总产蛋量与入舍母鹅数量的比值。产蛋率用两种方法计算。一种是鹅群单日产蛋率，为单日总产蛋量与母鹅数量的比值；另一种是入舍母鹅产蛋率，统计期内总产蛋量与入舍母鹅数量和统计天数乘积的比值。平均蛋重从 300 日龄起计算，单位为克。单只母鹅连续称重 3 枚以上的蛋，计算平均值。群体记录时，则连续称 3 天总产量的平均值。一般大型鹅场按日产蛋量的 5% 进行抽样，计算蛋重平均值。母鹅存活率为母鹅总数量减去死淘母鹅数后的存活数占入舍母鹅总数的百分比。

（三）蛋品品质

测定蛋的品质，蛋的数量不能低于 50 枚，种蛋应在产出后 24 小时内测定。测定内容包括蛋的洁净度、蛋形指数、蛋壳强度、蛋壳颜色、蛋的比重等。种蛋应清洁，表面不得沾有粪便或其他污物。轻度污染的蛋用 0.1% 新洁尔灭擦拭，污染严重的种蛋不应入孵，以免污染其他种蛋。种蛋应呈椭圆形，大小头明显，不能过长过圆，畸形蛋不能用于孵化。常用蛋形指数即蛋的纵径与横径之比。蛋形指数为 1.4～1.5 的种蛋，孵化率最高。蛋壳质地应致密均匀，表面光滑，蛋壳厚度适宜，以 0.4～0.5 毫米为宜。蛋壳过厚、过硬，孵化时受热缓慢，水分不易蒸发，气体交换困难，出雏困难；蛋壳过薄，胚内水分蒸发过快，不利于胚胎发育。蛋壳颜色应与鹅品种蛋壳一致，若种蛋蛋壳上出现砂粒、血斑等，则不应进行孵化。种蛋比重常用盐水法测定，以溶液对蛋的浮力表示密度。蛋的密度级别越高，则蛋壳较厚，质地较好。

（四）繁殖性能

种鹅产蛋和繁殖性能主要包括孵化指标、生活力指标。

孵化指标包括种蛋合格率、受精率、孵化率和健雏率的测定。种蛋合格率是指母鹅在产蛋期（66周龄）内生产的符合本品种、品系要求的种蛋数占产蛋总数的百分比。受精率是指受精蛋占入孵蛋的比例。其中血圈、血线蛋记为受精蛋，散黄蛋记为无精蛋。孵化率通常指入孵蛋孵化率，是出雏数占入孵种蛋数的百分比。健雏率是指雏鹅4周龄结束时存活数占出雏数的百分比。

以雏鹅至20日龄内的成活率和150～500日龄生产期鹅的成活率作为鹅一生生活力指标。雏鹅成活率指育雏期末雏鹅存活数量占入舍育雏总数的百分比。产蛋期鹅成活率指开产母鹅总数减去死淘母鹅后，占开产母鹅总数的百分比。

（五）商品代生产性能

子代商品鹅的生产性能也是测定种鹅生产性能的重要指标，包括肉用性能、羽绒性能和肥肝性能的测定。肉用性能的测定指标包括以下几点。

1. 活重　指屠宰前禁食12小时的重量。

2. 屠体重　指放血脱毛后的重量。

3. 半净膛重　指去除气管、食道、气囊、肠、脾和生殖器官的重量。

4. 净膛重　指半净膛后再去除心、肝、腺胃、肌胃和腹部脂肪的重量。

5. 腿肌重　两侧全部腿肌重。

6. 胸肌重　指两侧全部胸肌重。产羽绒性能测定主要包括烫煺毛产量、活拔毛产量和含绒率。烫煺毛产量一般指肉用仔鹅上市前烫煺毛产量。活拔毛产量指一次或一年在指定部位采集的羽毛总量，不含尾羽。含绒率是指绒占羽绒总重的比例。由于鹅的品种不同，肝脏沉积脂肪能力有差异，肥肝大小不一，多采用肥肝中和料肝比进行测定。肥肝重是指鹅用高能量饲料填饲后获取的新鲜肥肝的重量，可以反映不同品种鹅肥肝生产能力或潜力。料肝比是指生产单位质量的肥肝所消耗的净料重量。

四、鹅种蛋的孵化

种蛋的选择、清洗、消毒、运输和储存在第一章中已经介绍。本节主要介绍种蛋的孵化条件、孵化技术、孵化效果的检查和分析。

（一）孵化条件

为获得理想的孵化效果，需要根据胚胎发育特点，提供适宜的孵化条件，如温度、湿度、通风、翻蛋和凉蛋等。鹅胚发育温度为36.9～38℃，温度过高或过低，都影响鹅胚胎的发育。孵化初期，需要较高的温度，一般设为38℃；孵化的中后期，温度应低一些，以36.9～37.2℃为宜。随着季节、气候、孵化方法和入孵日龄等不同，孵化温度略有差异，应灵活掌握。孵化过程中，蛋内的水分透过气孔不断蒸发，蒸发量与孵化器内湿度相关。适当的湿度可以调节蒸发速度和胚胎物质代谢。整批入孵时，孵化前后期湿度要高一些，中期略低。一般来说，初期空气相对湿度为65%～70%，中期降低至60%～65%，后期提高至65%～75%，直至雏鹅出壳。孵化过程中，胚胎不断吸入氧气并释放二氧化碳。提供充足的新鲜空气能够促进胚胎的发育。通风换气随胚胎发育不同阶段而调整。初期需氧量较少，通气孔打开1/3～1/4即可；中期胚胎发育较快，需氧量增加，通气孔打开1/2～1/3；后期胚胎由尿囊呼吸转为肺呼吸，需氧量骤增，可全部打开通气孔。通风与温度、湿度之间联系密切，调节通风时也要考虑孵化器内温度和湿度的变化。

胚胎相对密度较小，浮在蛋黄表面，长期不动易与壳膜粘连，影响胚胎发育。因此，孵化期翻蛋极为重要，能够促进胚胎运动，保持正常胎位，有利于营养吸收。翻蛋经常改变蛋的位置，使种蛋受热、通风均匀，有利于提高孵化率。入孵时种蛋平放或大头向上。孵化第1周每2小时翻蛋1次，之后每天翻蛋4～6次，直至28天后移盘停止翻蛋。每次翻蛋时，角度要大于45°，可通过调节蛋盘角度完成。

鹅蛋在孵化中后期，随着胚胎日龄增大，新陈代谢旺盛，产热量增加，需要散发的热量也增多，容易造成蛋温升高，甚至出现超温现象，影响种蛋孵化。因此，在孵化至14天左右时，必须及时凉蛋，利于胚胎散热，从而提高种蛋孵化率。每天进行2次凉蛋，上、下午各1次。凉蛋时间随季节、气候、室温等有所差异，寒冷冬天时，凉蛋时间不宜过长。常用凉蛋方法有机内凉蛋和机外凉蛋。机内凉蛋是关闭加温系统，将机门打开，开动风扇，待蛋壳表面温度降至30～33℃后，关闭机门，打开加温系统继续孵化。机外凉蛋是将蛋车拉出孵化机，向蛋表面喷洒25～30℃温水，至蛋壳表面温度降至35℃左右时，推回孵化箱继续孵化，这种方法一般在环境温度较高时采用。

（二）孵化技术

鹅种蛋孵化技术包括自然孵化和人工孵化。现代化养鹅生产中通常采用人工孵化，具体孵化方案根据条件、地区和规模的不同也不一致。

1. 自然孵化 利用母鹅就巢性的生理特点进行种蛋孵化。该方法的关键在于孵化种鹅的选择和孵化期的管理。理想的抱孵母鹅需具备就巢性强、个体大小适中和身体健康等条件。选择产蛋1年以上、已有孵化习惯的母鹅，随时更换掉就巢性差的母鹅。体形较小的鹅孵化效率低，体形过大的鹅动作缓慢，容易造成种蛋损坏和雏鹅伤亡。患病母鹅和残疾鹅不能用作抱孵母鹅。

一般来说，自然孵化时，1只母鹅单次可孵化10～13枚种蛋。应提供舒适的孵蛋窝，充足的全价饲料和饮水。期间可人工协助翻蛋并挑出无精蛋、死胚蛋和破壳蛋等。

2. 人工孵化　人工提供适宜胚胎发育和雏鹅出壳的条件，进行种蛋孵化。传统孵化法包括桶孵法、缸孵法、炕孵法、摊床孵化法、热水袋孵化法等。主要是将种蛋置于保温介质中，采用明火或热水等保持孵化温度，定期进行翻蛋的传统孵化方法。传统孵化法是我国不同地区人民根据本地地理、气候特点，长期以来摸索并总结的孵化技术，一般用于中小型鹅场孵化。随着养鹅业的发展，规模化、自动化、现代化程度越来越高，规模化鹅场多采用机械孵化法，其具有可自动控制、孵化量大、节约人工、操作方便、孵化效果好等优点。孵化设备主要包括孵化机和出雏机。第一步是上蛋，将合格种蛋整齐摆放在蛋盘上，最好在下午上孵，出雏时为白天。记录好入孵数、批号和日期。孵化期间主要是记录机内的温度、湿度、翻蛋、照蛋和凉蛋。分批上蛋时，采用恒温孵化；同一批次孵化时，采用分段变温孵化。孵化至7天和16天时进行2次照蛋，拣出无精蛋和死胚蛋。上孵14天开始，每天凉蛋2次。出雏时温度略低，提高湿度，每天人工拨动种蛋3～4次，直至出壳。待雏鹅绒毛干燥后，捡出。

（三）孵化效果的检查和分析

种蛋在孵化过程中，通过照蛋、称重、出雏和解剖情况等一系列检查，及时了解胚胎发育和死亡情况。一旦发现孵化异常，应及时分析原因，采取相应措施，提高孵化率，减少经济损失。种蛋整个孵化过程中进行3次照蛋检查。第一次为"头照"，在7胚龄左右进行，目的是了解蛋的受精率、早期胚胎发育、死亡情况，及时拣出无精蛋、死胚蛋和破壳蛋；第二次在16胚龄左右进行，了解胚胎中期发育情况，拣出死胚蛋；第三次在24胚龄左右进行，了解孵化后期胚胎发育情况，捡出死胚蛋。照蛋时要注意环境温度，动作应迅速，以免胚胎温度过低影响发育，必要时需室内加温。称重检查主要是测定种蛋水分挥发量，与孵化湿度关系密切。雏鹅时发育完全的胚胎，出雏时间为从开始出壳持续约35小时为正常。出雏时间整齐度高，雏鹅大小一致，死胚蛋为10%以内，说明孵化条件适宜，出雏良好；如果出雏时间提前，雏鹅脐部出血，绒毛粘连，二照胚胎发育正常，说明孵化后期温度过高或湿度过低；如果出壳时间推迟，弱雏较多，则可能是孵化后期温度过低或湿度过高。出壳持续时间较长，出壳率低，可能是种蛋储存、运输不当，种蛋合格率低等因素引起。孵化率的高低与内部条件（种蛋质量）和外部条件（孵化条件和种蛋管理）均有关系，孵化效果差往往是多因素造成，应逐一排查并改善。

孵化过程中拣出死胚蛋后，应及时进行胚胎解剖检查，了解死胚原因。随意取出一些死胚蛋，煮熟后剥壳，观察死胚外部形态特征，判断死亡日龄。观察胚体病理变化，如充血、出血、水肿、萎缩、畸形等，进而分析胚胎死亡原因，判断死亡日龄，改善死亡高峰期阶段的孵化条件和管理，降低死胚率。影响孵化率的因素还有很多，如遗传因素、母鹅产蛋日龄、营养条件、管理水平、种鹅健康情况等，应逐一排除。

五、雏鹅的性别鉴定

雏鹅的性别鉴定在养鹅生产中具有重要的经济意义。公母雏分开后，可分群饲养，也可将多余公鹅及时淘汰，降低种鹅饲养成本。商品鹅群生产时，进行公母分群饲养管理，鹅群生长发育整齐。生产中常用翻肛、顶肛和捏肛法进行性别鉴定。

1. 外形鉴别法 一般来讲，初生公雏鹅体格较大，身躯较长，头较大，颈较长，喙角长而阔，翼角无绒毛，腹部较平坦，站立较直；母雏鹅体格较小，身躯短圆，翼角有绒毛，腹部稍下垂，站立姿势有些倾斜。

2. 动作鸣管鉴别法　在成年母鹅面前驱赶雏鹅群，低头伸颈发出惊恐鸣声的为公雏；昂头不断发出叫声的为母雏。用拇指和食指抬起鹅头，用食指触摸颈的基部，公雏鸣管较大，偏左侧，呈横向长柱形，直径为 3～4 毫米；母雏鸣管较小。

3. 羽毛鉴别法　有色羽毛品种鹅可用该方法，不适于白色羽鹅。一般来说，公雏羽色比母雏的羽色淡一些。有些鹅品种具有自别公母的特点。

4. 翻肛法　将雏鹅握于左掌中，左手食指和无名指夹住颈口，腹部朝上；用右手拇指和食指放在泄殖腔两侧，轻轻翻开泄殖腔。若在泄殖腔口处有螺旋转突起，为公鹅；没有突起，只有三角瓣形皱褶，为母鹅。该方法较为准确，但速度较慢，效率低。

5. 顶肛法　左手握住雏鹅，以右手食指和无名指左右夹住雏鹅体侧，中指在其肛门外轻轻往上一顶，如感觉有米粒大小突起，即为公鹅。顶肛法比捏肛法难以掌握。长期训练人员熟练掌握该方法，鉴别准确、迅速，效率高。

6. 捏肛法　左手拇指和食指在雏鹅颈前分开，握住雏鹅，右手拇指与食指轻轻将泄殖腔两侧捏住，上下或前后轻轻揉捏，感到有米粒大小的突起，末端可以滑动，基部相对固定，即为公鹅的阴茎；否则为母鹅。该方法要拿捏有度，避免用力过度，造成公雏阴茎损伤。

第四章
鹅的饲料与营养

一、鹅消化系统特点

（一）鹅的消化系统组成

鹅的消化系统由消化管和消化腺两部分组成，消化管包括口腔、咽、食管、腺胃、肌胃、小肠、大肠和泄殖腔；消化腺主要包括唾液腺、肝和胰。消化器官主要是用于采食、消化食物、吸收营养等。

1. 口、咽　鹅无软腭，所以口腔和咽之间没有明显界限，口腔无唇、齿，颊部短，有喙，喙由上、下颌构成。喙边缘有许多横脊，在水中采食时便于将水滤出，并把食物压碎。硬腭构成口腔顶壁，其正中线上有腭裂，腭裂向后连鼻后孔。

鹅舌长，分舌尖和舌根两部分。舌黏膜有厚的角质层，舌边缘分布有丝状乳头。舌上无味觉乳头，但口腔黏膜内有味蕾分布。

咽与口腔之间以最后一列腭乳头为界，咽乳头和喉乳头为咽和食管的分界。咽的顶端正中有一咽鼓管口。

鹅唾液腺发达，包括上颌腺、下颌腺、腭腺、咽腺及口角腺。这些腺体分泌黏液；有导管开口于口腔、咽黏膜面。

2. 食管和食管膨大部　食管宽大，能扩张，便于吞咽较大食团，可分为颈部和胸部食管。食管起始部位于气管背侧，在颈部转到气管的右侧。在入胸腔之前形成一个纺锤形的食管膨大部，具有贮存和浸软食物的作用。

3. 腺胃　胃包括腺胃和肌胃，腺胃呈纺锤形，位于左、右肝叶之间的背侧。黏膜上有数量较多的小乳头，黏膜内有大量的胃腺，可分泌盐酸和胃蛋白酶。腺胃体积不大，主要功能是分泌胃液和推移食团进入肌胃。

4. 肌胃　肌胃又称砂囊、肫，位于腺胃后方，呈扁椭圆形，表面上有厚而致密的中央腱膜，称为腱镜。肌胃前口通腺胃，后口通十二指肠，两个口都在肌胃的前缘，距离很近。肌胃的肌层发达，暗红色。黏膜层内有肌胃腺，分泌物形成一层类角质膜，有保护黏膜的作用。鹅的类角质膜较厚，较易剥离。肌胃内有较多的沙石，具有研磨食物的作用，如将肌胃内腔的沙粒除去，消化率下降25%～30%。食物在肌胃停留的时间，视饲料的坚硬度而异，细软食物约1分钟就可推进十二指肠，而坚硬食物的停留时间可达数小时之久。

5. 肠　鹅肠为其体长的3～4倍。可分为小肠和大肠。在小肠和大肠上均有肠绒毛，但无中央乳糜管。

（1）小肠　分为十二指肠、空肠和回肠。十二指肠位于肌胃右侧，前接肌胃，以对折的盘曲为特征，可分为降部和升部，两部分之间夹有胰。十二指肠末端向后延续为空肠。空肠形成许多肠褶，由肠系膜悬挂于腹腔顶壁。鹅空肠形成5～8圈肠袢，空肠的中部有一盲突状卵黄囊憩室，是胚胎时期卵黄囊柄的遗迹。回肠短而直，以回盲韧带与盲肠相连。小肠壁内有小肠腺，分泌物排入肠腔，对食物进行消化。

（2）大肠　分为盲肠和直肠。鹅有两条盲肠，盲端游离。回盲口可作为小肠与大肠的分界线，距回盲口约1厘米处的盲肠壁上有一膨大部，称盲肠扁桃体，由位于肠壁内的大量淋巴小结组成。回盲口的后方为直肠，直肠很短，末端连接泄殖腔。盲肠能将小肠内未被分解的食物及纤维素进一步消化，并吸收水和电解质。

6. 泄殖腔 是消化、生殖、泌尿的共同通道，略呈球形，内腔面有两个横向的环形黏膜褶，将泄殖腔分为三部分。前部为粪道，与直肠相通；中部为泄殖道，具有输尿管、输精管或输卵管开口；后部为肛道，肛道壁内有肛腺，分黏液，肛道背侧壁上有腔上囊的开口。泄殖腔末端为泄殖孔，壁内有括约肌。

7. 肝 鹅肝较大，分左右两叶，重量一般为 60～100 克。雏鹅的肝呈淡黄色，成年鹅的肝一般为暗褐色。肝每叶的肝动脉、门静脉和肝管进出肝的地方称为肝门。左叶肝管直接开口于十二指肠末端；右叶肝管先入胆囊，再经由胆囊发出的胆管入十二指肠。胆汁由肝脏产生，肝右叶的胆管扩大成胆囊，呈三角形，起贮存胆汁的作用。当十二指肠有食物时，胆囊收缩并排空胆汁使之进入肠道。鹅的肝可聚存大量的脂肪，可用于生产脂肪肝。采取填肥的方法，可使鹅的肝脏增加到原来重量的 10～15 倍。

8. 胰 位于十二指肠降部和升部之间的系膜内，呈淡粉色。鹅胰腺有 2 条导管，并同胆管一起开口于十二指肠末端。胰的外分泌部称胰腺，分泌胰液，胰液内含有蛋白分解酶、淀粉酶和脂肪酶等。在胰腺腺泡之间，呈团块状分布着众多的胰岛，为内分泌部，可分泌胰岛素和胰高血糖素。

（二）鹅的消化和吸收特点

消化是饲料在消化道内被分解为可吸收的小分子物质的过程。消化方式包括改变饲料物理性状的消化器官运动、改变营养物质化学结构的消化液作用以及消化道内微生物对饲料进行的消化，其中消化液内消化酶的化学性消化起到重要作用；吸收是指消化产物透过消化道黏膜上皮进入血液的过程。

1. 消 化

（1）**口腔、咽和食管的消化** 饲料经喙啄食进入口腔后，经唾液稍加湿润，借助舌的作用迅速吞咽，至食管膨大部暂存。食管膨大部起储存和软化食物的作用，其中的微生物对食物中的碳水化合物有发酵分解作用。

（2）**腺胃、肌胃的消化**　鹅腺胃黏膜内含有胃腺，可分泌盐酸和胃蛋白酶，盐酸可以激活胃蛋白酶原、溶解矿物质，胃蛋白酶可分解蛋白质；肌胃不分泌胃液，主要靠胃壁强有力的收缩和沙粒间的相互摩擦机械性地消化食物。由于食物在腺胃中停留时间短，腺胃分泌的消化液随食物进入肌胃，借助于肌胃的运动，消化液与食物充分混合进行化学性消化。

（3）**小肠的消化**　小肠是进行消化性消化的主要部位。小肠内含有小肠液、胰液和胆汁等消化液。小肠液由小肠腺分泌，含有肠激酶、肠肽酶、肠脂肪酶、肠双糖分解酶等；胰液由胰分泌，含有胰蛋白酶、糜蛋白酶、羧肽酶、胰淀粉酶、胰脂肪酶、胰核酸酶等。在以上酶的作用下，蛋白质被分解为氨基酸、脂肪被分解为甘油和脂肪酸、淀粉被分解为单糖。胆汁由肝脏分泌，主要协助脂肪的消化。

鹅的小肠可进行蠕动和分节运动，可使食糜充分混合消化液，并使向后推送食糜；有时会出现逆蠕动，延长食糜在小肠中的停留时间，有利于营养物质的消化和吸收。

（4）**大肠的消化**　大肠的消化主要在盲肠。鹅盲肠发达，容积大，能容纳大量的粗纤维；盲肠内环境适合厌氧微生物的生长繁殖，1克盲肠内容物中含10亿个细菌；食糜在盲肠中停留时间较长，达6～8小时，适合微生物进行消化。盲肠内的微生物可将食糜中的纤维素进行发酵分解，产生挥发性脂肪酸，被盲肠吸收。盲肠内微生物还可合成B族维生素和维生素K供机体利用。

2. 吸收　小肠是机体吸收的主要部位，鹅肠绒毛中无中央乳糜管，只有丰富的毛细血管。因此，各种消化产物的吸收是透过消化道黏膜上皮直接进入血液。盲肠只能吸收少量的水分、矿物质和挥发性脂肪酸；直肠和泄殖腔只能吸收较少的水分和矿物质；腺胃和肌胃的吸收能力很差。

二、鹅的营养需求

科学的饲养管理是鹅养殖生产中的重要环节。通过了解鹅的营养需求和饲料特性，根据其生理特点和生活习性科学合理的配合日粮，满足鹅的生长和生产需求，以创造更大的经济效益。

鹅的营养需求主要分为能量、蛋白质、矿物质、维生素和水5个方面。

（一）能 量

能量是动物机体一切生理活动的物质基础，如呼吸、循环、消化、吸收、排泄、体温调节、运动、生长发育和生产产品等活动都需要能量的供给。鹅生长发育和生产产品过程中所需的能量主要来源于日粮中的碳水化合物、脂肪和蛋白质。

碳水化合物主要包括淀粉、糖类和粗纤维，是鹅生理和生产活动的主要能量来源。每克碳水化合物在鹅体内平均可生产17.15 千焦的热能，若摄入饲料提供的能量过多时，多余部分以糖原或脂肪的形式存储存于体内。

脂肪也是鹅机体能量的主要来源，每克脂肪氧化后产生39.36 千焦热能，是碳水化合物的 2.25 倍。脂肪是日粮中必须考虑的成分，肉用鹅日粮中添加 1%～2% 的油脂可满足其高能量的需求，同时也能提高能量的利用率和抗热应激能力。

蛋白质一般在鹅机体能量供给不足时才会分解供能，而且其能量利用效率不如脂肪和碳水化合物。因此，蛋白质作为能源物质不但不经济，还会增加肝、肾负担，引起一系列代谢疾病。

鹅对能量的需求受多种因素影响，如环境温度，低温比高温时需要的能量多，温度变化在一定范围内，鹅自身能通过调节来维持体温恒定；若超过范围，鹅对能量的需要就会变化。冷应激时，鹅消耗的维持能量多；热应激时，鹅采食量减少，影响鹅的生长和产蛋率。因此，可在日粮中添加油脂、维生素C、氨基酸等来降低鹅的应激反应。鹅的品种、性别、生长阶段等因素也影响鹅对能量的需求。一般肉用鹅比同体重蛋用鹅的能量需要高，产蛋母鹅的能量需要比非产蛋母鹅的高；公鹅的能量需要比母鹅高；不同生长阶段鹅对能量的需要也不同，蛋用鹅的能量需要一般前期高于后期，后备期和种鹅的能量需要也低于生长前期；肉用鹅的能量需要一般都维持较高的水平。鹅对能量的需要还受饲养水平、饲养方式等的影响。自由采食时，鹅具有通过调节采食量来满足能量需要的本能。日粮能量水平不同，鹅的采食量也会发生变化，这就影响鹅对蛋白质和其他营养物质的摄取量。因此，日粮配合时应确定能量与蛋白质或氨基酸的比例。

（二）蛋白质

蛋白质是生命活动的基础，在鹅体内发挥着重要的生理功能。蛋白质是形成机体各种酶、激素、某些抗体等的主要原料，也是构成鹅体内神经、肌肉、皮肤、血液、结缔组织、内脏器官、羽毛、爪、喙、蛋等的重要成分。蛋白质是组织更新、补修的主要原料，当鹅体内营养不足时也可分解供能，维持机体的代谢活动。

鹅采食的饲料蛋白质进入胃、肠，经蛋白酶作用后分解为氨基酸才能被机体吸收，因此蛋白质营养也就是氨基酸营养。蛋白质的营养水平由其所含的氨基酸的种类和数量决定，氨基酸可分为必需氨基酸和非必需氨基酸两大类。

必需氨基酸鹅自身不能合成，或虽能合成但合成的数量与速度不能满足需求，必须从饲料中获得。鹅的必需氨基酸有12种，如赖氨酸、蛋氨酸、色氨酸、苯丙氨酸、亮氨酸、异亮氨酸、缬氨酸、苏氨酸、组氨酸、精氨酸、甘氨酸、酪氨酸等。鹅对氨基酸的需求量是不同的，而且需要一定的比例，若出现一种或几种必需氨基酸的含量不足，会限制鹅对其他氨基酸的利用，从而影

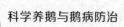

响日粮的利用率。因此，这类氨基酸又称限制性氨基酸。

非必需氨基酸是指鹅体内能够合成或需求较少，不必从饲料中获取的氨基酸。

影响鹅对蛋白质、氨基酸的需要量有多种因素，如饲养水平（氨基酸摄取量与采食量）、生产水平（生长速度和产蛋强度）、遗传性（品种或品系）、饲料因素（日粮氨基酸是否平衡）等。

提高饲料蛋白质的营养价值的措施如下：

第一，配合蛋白质水平适宜的日粮。日粮中蛋白质水平过低，不仅影响鹅的生长和产蛋率，还会引起鹅免疫功能下降，容易引发疾病。而蛋白质水平过高不仅会造成浪费，导致饲料成本提高，还会增加肝、肾负担，鹅容易发生痛风甚至瘫痪。

第二，以适宜的配比在饲料中添加蛋氨酸、赖氨酸等限制性氨基酸，提高饲料中蛋白质的品质。

第三，调整日粮中能量与蛋白质、氨基酸的比值，比值过高或过低，都会影响饲料中蛋白质的利用。

第四，去除饲料中的营养拮抗因子。有的饲料，如生大豆含有胰蛋白酶抑制因子和植物皂素，高粱中含有单宁等，这些物质会影响饲料蛋白质的吸收利用，可通过加热等方法来去除。

第五，使用添加剂。饲料中添加一些活性物质如蛋白酶制剂、代谢调节剂、促生长因子和某些维生素等，可改善饲料蛋白质的品质，提高蛋白质的利用率。

（三）矿物质

矿物质在鹅生命活动中发挥着重要作用，它不仅是构成鹅骨骼、羽毛、蛋壳、血红蛋白、甲状腺素等的主要成分，而且能够调节鹅机体的渗透压、维持酸碱平衡、激活酶系统、维持正常代谢等。如果矿物质缺乏或不足，会导致鹅出现代谢障碍，生产力降低，甚至死亡。如果饲喂过多，也会导致鹅代谢紊乱，甚至中毒和死亡。因此，日粮中矿物元素含量必须符合鹅的营养需要。

鹅体有 22 种必需矿物元素，按矿物元素在鹅体内的不同含量，可分为常量元素和微量元素。常量元素为占鹅体重 0.01% 以上的矿物质，包括钙、磷、镁、钠、钾、氯和硫；微量元素为占鹅体重 0.01% 以下的矿物质，包括铁、锌、铜、钴、锰、碘、硒、氟、钼、铬、硅、钒、砷、锡、镍。

1. 常量元素

（1）**钙和磷** 是鹅体内含量最多的 2 种矿物质，占体内矿物质总量的 65%～70%。钙是构成骨骼和蛋壳的主要成分，具有维持肌肉和神经功能、促进血液凝固、促进多种酶激活等作用。磷不仅参与骨骼的形成，而且在碳水化合物和脂肪代谢，以及维持细胞生物膜的功能和机体酸碱平衡方面发挥着重要作用。

雏鹅缺钙易患骨软症，腿骨弯曲或瘫痪，胸骨呈"S"形；种鹅缺钙导致产软壳蛋、畸形蛋或薄壳蛋，产蛋率和孵化率下降。鹅缺磷时出现食欲减退，生长缓慢，关节硬化，饲料转化率降低。日粮中钙、磷过多也影响机体对各种营养物质的吸收利用。钙过多会影响饲料的适口性，降低采食量，影响机体对磷、锌、锰、铁、碘等元素的吸收；磷过多会降低机体钙、镁的利用率。钙和磷关系密切，只有比例适宜才会被机体充分吸收。雏鹅以 1.2～1.5：1 为宜，种鹅以 4.5～5.5：1 为宜。

补充钙或磷的饲料种类有很多，常用的有骨粉、石灰石粉、贝壳粉、磷酸氢钙、沸石、麦饭石等。

（2）**钠、氯和钾** 这些元素主要存在于鹅体液和软骨组织中，具有维持机体渗透压和酸碱平衡，控制水盐代谢，刺激食欲，提高饲料适口性等作用。

钠缺乏时，鹅表现为采食量减少，食欲下降，生长缓慢，产蛋率下降，易发生啄癖。通常在饲料中添加食盐来补充氯和钠，食盐的添加量不能过多，一般为 0.25%～0.5%，否则会引起食盐中毒。添加食盐时尤其要考虑饲料中鱼粉和贝壳粉的含盐量。

饲料中钾的含量一般占饲料干物质的 0.2%～0.3%，植物性饲料中钾含量丰富，不必额外补充钾。

（3）镁和硫　镁是鹅体内含量较高的矿物元素，约70%分布于骨中，其余分布于体液、软组织和蛋壳中。镁是骨骼的组成成分和酶激活剂，主要功能是抑制神经兴奋性等。镁不足时，会增加鹅神经、肌肉的兴奋性，产生缺镁痉挛症，主要表现为肌肉痉挛，步态蹒跚，神经过敏，生长受阻，种鹅产蛋量下降等。由于植物性饲料中镁含量丰富，可不必专门补充。鹅食入过量的钾或钙、磷，均会影响机体对镁的吸收利用。

鹅体内硫含量约为0.15%，分布于全身所有细胞，主要以胱氨酸、半胱氨酸、蛋氨酸等含硫氨基酸的形式组成蛋白质，以角蛋白形式成为组成鹅羽毛、爪、喙、趾、蹼等的主要成分。硫在蛋白质合成、碳水化合物代谢及激素、羽毛形成中发挥着重要作用。动物性蛋白供应充足时，硫一般不会缺乏；使用微量元素添加剂时，鹅一般也不会缺硫，因为这些微量元素多为硫酸盐。缺硫会导致鹅食欲减退、掉毛，甚至出现死亡。日粮中缺硫可补饲硫酸钠、蛋氨酸或维生素。

2. 微量元素

（1）铁、铜和钴　这些元素都与机体造血功能密切相关。铁在动物体内占0.004%，承担着输送氧、参与氧化还原反应的作用，是血红蛋白、肌红蛋白、细胞色素及多种氧化酶的重要组成成分。铜与铁的代谢有关，能够参与机体血红蛋白的形成，促进红细胞成熟。当铁和铜缺乏时，会引起贫血，由于饲料中含铁丰富，鹅能很好地利用机体代谢产生的铁，因此，鹅一般不易缺铁。缺铜会影响骨骼发育，导致骨质疏松，易发生腿病。另外，日粮中缺铜还会引起食欲不振、异食癖、生长缓慢、运动失调和神经症状等。钴是维生素 B_{12} 的组成成分，具有参与机体造血功能、促进血红素形成、预防贫血病、促进机体生长等作用。鹅缺钴主要表现为生长缓慢、贫血、骨短粗症和关节肿大等。鹅日粮中一般含多量的钴，故不易发生缺钴现象。铁、铜或钴缺乏症可采用在日粮中添加硫酸亚铁、氯化铁、硫酸铜、氯化钴或硫酸钴等相应添加剂来防治。

（2）锰　主要参与动物机体蛋白质、脂类和碳水化合物的代谢，是鹅生长、繁殖和骨骼发育必需元素。锰缺乏时，雏鹅生长发育受阻，体重下降，容易发生溜腱症和骨短粗症；成年鹅出现产蛋率下降，产软壳蛋或薄壳蛋，种蛋孵化率降低，死胚增多。鹅主要以植物性饲料为主，一般这类饲料中含锰元素较丰富，故不易出现锰缺乏症。生产上通常在日粮中添加硫酸锰、氧化锰来满足鹅对锰的需求。

（3）锌　在鹅体内分布广泛，是多数金属酶类及胰岛素的组成成分，主要参与体内三大营养物质代谢和核糖核酸、脱氧核糖核酸的生物合成。鹅缺锌时主要表现为食欲不振，体重下降，羽毛发育不良，跖骨短粗、表面鳞片样；产蛋鹅产软壳蛋，种蛋孵化率降低。

放牧的鹅一般不缺锌，不放牧的季节通常需要在日粮中添加锌，可选用硫酸锌或氧化锌。日粮中钙含量过高会导致鹅对锌的需求量增加。

（4）碘　动物体内70%～80%的碘存在于甲状腺内，是构成甲状腺素的重要成分。甲状腺素是调节机体生长发育、新陈代谢及维持正常繁殖的主要激素。鹅缺碘时，甲状腺素合成不足，导致生长发育受阻、羽毛发育不良、繁殖力下降、种蛋孵化率下降等。

谷物类饲料含碘量低，不能满足鹅的需求，因此需要在日粮中添加碘制剂。碘化钾和碘酸钙是重要的碘源，碘酸钙优于碘化钾。

（5）硒　是鹅体内谷胱甘肽过氧化酶的主要成分，以半胱氨酸的形式存在于其中。硒与维生素E之间有协同作用，有助于机体对维生素E的吸收，具有清除体内过氧化物、保护细胞脂质膜的完整、维持胰腺正常功能等作用。

鹅缺硒时易发生脑软化病、白肌病及肝脏坏死。种鹅缺硒主要表现为产蛋率和孵化率下降，精液品质和受精率下降，免疫功能低下等。鹅日粮中需要添加硒，添加量一般为 0.15 毫克 / 千克，多以亚硒酸钠形式添加。硒的毒性强，安全范围小，易发生中毒，因此在日粮配合时应计量准确，混合均匀。

（6）氟　在鹅体内含量少，60%～80% 存在于骨骼中。氟具有促进骨骼钙化、提高骨骼硬度的作用。鹅对氟的需要量较低，不易发生缺乏。但如果采食了含有未脱氟磷灰石的矿物质饲料或饮用了含氟量较高的地下水，会出现氟中毒。鹅氟中毒主要表现为精神沉郁、采食量下降、腿软、喜伏于地面、行走困难、蛋壳质量下降等。

其他一些微量元素虽为鹅所必需，但在自然条件下一般不易缺乏，无须补充。

（四）维生素

维生素是一类具有高度生物学活性的低分子有机化合物。它既不是形成动物机体各种组织、器官和细胞的原料，也不能提供能量。动物对维生素的需要量很低，但它们在动物体的生命活动中起发挥着重要作用，彼此之间不可替代。维生素大多是以辅酶和催化剂的形式参与代谢过程中的各种生化反应，以维持动物机体组织细胞结构的完整和正常功能，保证动物生命活动的正常进行。鹅消化道短，消化道内的微生物较少，因此体内合成维生素的种类及数量很难满足需要。养殖过程中，当日粮中维生素供给不足或吸收不良时，常会导致不同的维生素缺乏症，引起鹅体内物质代谢紊乱，甚至发病死亡。

根据维生素的溶解性可将其分为脂溶性维生素和水溶性维生素两大类。脂溶性维生素可在体内蓄积，若饲料中出现短时间缺乏，不会造成缺乏症。而水溶性维生素在鹅体内不能储存，通常由饲料提供，否则就容易引起缺乏症。

1. 脂溶性维生素

（1）**维生素 A** 又称抗干眼病维生素，包括视黄醇、视黄醛、视黄酸，在空气和光线下容易分解。维生素 A 在动物体内主要存在于肝脏中，而植物性饲料中仅含有类胡萝卜素，即维生素 A 原。类胡萝卜素有多种，其中 β - 胡萝卜素的生物活性最高。类胡萝卜素经鹅肝脏和肠壁黏膜细胞中胡萝卜素酶作用可转化为维生素 A。

维生素 A 具有重要的营养功能，与动物视觉有关；能参与黏多糖的合成，保护黏膜上皮组织结构的完整和维持黏膜上皮的正常功能；促进机体和骨骼生长。鹅维生素 A 缺乏时易患夜盲症和干眼病，生长发育受阻、食欲下降、羽毛蓬乱、抵抗力降低，种鹅产蛋量和种蛋孵化率降低等。

维生素 A 主要存在于鱼肝油、蛋黄、肝粉、鱼粉中。青绿饲料、胡萝卜等富含胡萝卜素。鹅维生素 A 的最低需要量为每千克日粮 1 000～5 000 国际单位，过量会引起中毒。

（2）**维生素 D** 又称钙化醇、抗佝偻病维生素，是类固醇衍生物，含环戊烷多氢菲结构。对鹅有营养作用的是维生素 D_2 和维生素 D_3，其中维生素 D_3 比维生素 D_2 功效高 20～30 倍。

维生素 D 的主要功能与钙、磷的吸收和代谢有关，调节鹅体内钙、磷代谢，促进钙、磷吸收，保证骨骼正常发育。维生素 D 还能促进蛋白质合成，提高机体免疫功能。

维生素 D 缺乏可引起钙、磷代谢障碍和营养不良，雏鹅发生佝偻病、骨软化症、肋骨弯曲、羽毛松乱等；产蛋鹅产软壳蛋、薄壳蛋，产蛋量和孵化率下降。鹅集约化饲养时，易发生维生素 D 缺乏，放牧饲养则不易缺乏。

日粮中钙、磷比例与维生素 D 需要量有关，钙、磷比例与机体需要相符率越高，维生素 D 的需要量越少。鱼肝油、酵母、蛋黄、肝脏中维生素 D 的含量较高，日粮中通常添加维生素 D_3。

（3）**维生素 E** 又称生育酚、抗不育维生素，与动物生殖功能有关，是一组具有生物学活性的酚类化合物，包含 α、β、γ、δ 4 种结构，其中 α－生育酚活性最强。

维生素 E 在鹅体内主要发挥生物催化剂及抗氧化功能，维护生物膜完整，保护机体生殖功能，增强机体免疫力和抗应激能力，与神经和肌肉的代谢有关。维生素 E 缺乏时，雏鹅主要发生脑软化症、渗出性素质和白肌病。种鹅主要表现为繁殖功能紊乱，产蛋率和受精率下降，死胚增多。维生素 E 与硒具有协同作用，维生素 E 可代替部分硒，硒能促进机体对维生素 E 的吸收。维生素 E 具有抗氧化作用，可保护维生素 A，但两者之间存在吸收竞争，维生素 A 用量加大时也应加大维生素 E 的量。维生素 E 在植物性饲料中分布广泛，谷实胚芽、新鲜青绿饲料及植物油都是维生素 E 的重要来源。

（4）**维生素 K** 又称凝血维生素和抗出血维生素，是一组结构类似的萘醌类衍生物，有维生素 K_1、维生素 K_2、维生素 K_3、维生素 K_4 等多种形式。维生素 K_1、维生素 K_2 是天然存在的，属于脂溶性维生素；维生素 K_3、维生素 K_4 是人工合成的，属于水溶性维生素。维生素 K 的主要作用是促进动物肝脏中凝血酶原及凝血活素的合成，维持正常的血液凝固时间。维生素 K 缺乏时，会导致鹅受伤后出现血流不止或凝血时间延长，雏鹅皮下组织及胃肠道易出血形成紫斑，种蛋的孵化率和健雏率降低等。

维生素 K 主要存在于青绿饲料和鱼粉等动物性饲料中。维生素 K_1、维生素 K_2 一般不会对鹅产生毒性，而维生素 K_3 有一定的毒性，不宜长时间、大剂量添加使用。生产中，若出现饲料霉变，或长期使用抗生素和磺胺类药物，或发生一些疾病时，常常会导致鹅对维生素 K 的需要量加大。

2. 水溶性维生素

（1）**维生素 B_1（硫胺素）** 是动物体内糖类代谢的必需物质，若缺乏会导致碳水化合物代谢障碍，神经组织出现丙酮酸和乳酸的积累，影响神经组织、心肌的代谢和功能，鹅易出现多发性神经炎、肌肉麻痹、头颈扭转、痉挛等症状。另外，维生素 B_1 能抑制胆碱酯酶活性，减少乙酰胆碱的水解，具有促进胃肠道蠕动和腺体分泌，保护胃肠的功能，若缺乏，鹅会出现食欲不振、生长发育受阻、体重减轻等症状。尤其是雏鹅对维生素 B_1 缺乏较敏感。

维生素 B_1 主要来源于谷类饲料、糠麸、啤酒酵母等。鹅对维生素 B_1 的需要量一般为每千克日粮 $1\sim2$ 毫克。饲料加工时应避免碱性物质对维生素 B_1 的破坏，避免用劣质鱼粉作为饲料原料。

（2）维生素 B_2（核黄素）　作为辅酶，主要参与动物体内蛋白质、脂肪和核酸的代谢。维生素 B_2 缺乏时会引起雏鹅代谢紊乱，生长缓慢，出现蜷爪麻痹症，趾爪向内卷曲；母鹅产蛋率下降，种蛋孵化率降低，死胚增加。

维生素 B_2 主要来源于青绿饲料、饼粕类饲料、苜蓿粉、糠麸、酵母及动物性饲料中。鹅对维生素 B_2 的最低需要量为每千克日粮 $2\sim4$ 毫克。饲料加工时应避免阳光暴晒和碱性物质混入。

（3）维生素 B_3（泛酸）　参与动物机体糖、脂肪和蛋白质的代谢，对乙酰基转移具有重要作用。维生素 B_3 缺乏时会引起鹅发生皮炎，生长受阻，羽毛粗乱，骨短粗，喙、眼、肛门边、爪间及爪底皮肤出现裂口，形成痂皮；种蛋孵化率降低，死胚增加。

维生素 B_3 广泛存在于动植物饲料中，酵母、米糠、麦麸、油饼等含量丰富。鹅对维生素 B_3 的需要量为每千克日粮 $10\sim30$ 毫克。

（4）胆碱（维生素 B_4）　是动物体内卵磷脂的组成成分，参与磷脂代谢，对脂肪肝能具有防治作用。胆碱缺乏时鹅主要表现为脂肪代谢障碍，形成脂肪肝；胫骨粗短，关节变形，形成滑腱症；生长受阻，产蛋率下降。

胆碱在动物体内可以合成，能作为体组织的结构成分发挥作用。鹅对胆碱的需要量较大，体内合成往往不能满足，必须在日粮中添加，其添加量为每千克饲料 500～2 000 毫克。

（5）烟酸（维生素 B_5） 又称尼克酸，与烟酰胺（烟酸在体内的活性形式）统称为维生素 PP。烟酸作为辅酶，在蛋白质、脂肪和碳水化合物代谢方面发挥重要作用，具有保护皮肤黏膜和维持消化器官正常功能的作用。

烟酸缺乏时，雏鹅表现为食欲下降，生长停滞，羽毛粗乱，皮肤和脚出现鳞状皮炎，关节肿大，类似骨短粗症；成年鹅表现为黑舌病，羽毛脱落，产蛋量和孵化率下降。

烟酸主要来源于酵母、麸皮、青绿饲料、动物蛋白饲料等。玉米、小麦、高粱中的烟酸多呈结合型，鹅对其利用率低，需在日粮中补充。鹅对烟酸的需要量为每千克日粮 10～70 毫克。

（6）维生素 B_6（吡哆素） 包括吡哆醇、吡哆胺和吡哆醛，以辅酶的形式参与蛋白质、脂肪、碳水化合物代谢，在色氨酸和无机盐代谢中发挥重要作用。维生素 B_6 缺乏时，鹅食欲不振，生长受阻，皮下水肿，脱毛，中枢神经紊乱，痉挛，常衰竭而死。母鹅产蛋率和孵化率下降。

维生素 B_6 主要来源于植物性饲料，动物性饲料及块根块茎中含量较少。日粮中蛋白质水平较高时，鹅对维生素 B_6 的需要量会增加。鹅对维生素 B_6 的需要量为每千克日粮 2～5 毫克。

（7）维生素 B_7（生物素） 又称维生素 H，主要以辅酶形式参与体内三大营养物质代谢。生物素缺乏时，鹅生长发育缓慢，易出现滑腱症，爪底、喙及眼睑周围发炎结痂，母鹅产蛋率和孵化率下降，胚胎骨骼畸形，呈鹦鹉嘴。

动植物蛋白质饲料和青绿饲料中富含维生素 B_7。鹅通常不会出现维生素 B_7 缺乏，但饲料霉变、日粮中脂肪酸腐败及使用抗生素等因素会影响维生素 B_7 在鹅体内的利用率。

（8）叶酸（维生素 B_{11}） 与蛋白质和核酸的代谢有关，对促进红细胞和血红蛋白的合成有重要作用。

叶酸缺乏时，鹅表现为贫血，生长停滞，羽毛脱色，产蛋率、孵化率下降，易出现脚软症或骨短粗症。动物性饲料、酵母、苜蓿、豆饼、亚麻仁饼中富含叶酸。

　　饲料储存时间过久，日粮中蛋白和脂肪水平较高，长期饲喂磺胺类药物或广谱抗菌药，均可能导致叶酸缺乏。

　　（9）维生素 B_{12}（氰钴素）　是一种含有金属元素的维生素，作为辅酶的主要成分参与核酸、碳水化合物、蛋白质、脂肪的生物合成，维持正常的造血功能。

　　维生素 B_{12} 缺乏时，雏鹅生长发育缓慢，羽毛粗乱，贫血，母鹅产蛋率、孵化率下降。

　　维生素 B_{12} 主要来源于动物性饲料，其中鱼粉、肝脏、肉粉中含量丰富。日粮中动物性饲料充足，一般不会发生维生素 B_{12} 缺乏。维生素 B_{12} 可作为促生长因子在鹅饲料中添加。

　　（10）维生素C（抗坏血酸）　主要参与体内的氧化还原反应，具有抗氧化作用，与血凝有关，能增强机体的免疫力和抗应激能力。

　　维生素C缺乏时，易发生鹅坏血病，毛细血管通透性增大，黏膜自发性出血，生长停滞，代谢紊乱，易感染传染病。青绿饲料中富含维生素C，动物机体也能利用葡萄糖在体内合成维生素C。因此，鹅群通常不会发生维生素C缺乏。但当鹅群处于生长迅速，生产力高，或高温、疾病、饲料变化、转群、接种等应激条件下时，需要在日粮中另行添加维生素C。

（五）水

　　水是鹅体内重要的组成成分，分布于多种组织、器官及体液中。水是进行各种生理活动的基础，在养分的消化吸收与转运及代谢产物的排泄、电解质代谢与体温调节上均发挥着重要作用。

　　饮水不足会影响鹅对饲料的消化吸收，阻碍分解产物的排出，导致血液黏稠，体温升高，影响鹅的生长和产蛋。当鹅体内损失 1%～2% 水分时，会导致食欲减退，损失 10% 水分会出现代谢紊乱，损失 20% 水分则会发生死亡。因此，鹅在饲养过程中必须保证充足的饮水。

鹅体内水的来源主要有饮水、饲料水及代谢水三个方面，其中饮水是主要来源，占机体水总量的 80% 左右。因此，鹅群在饲养时要提供充足、卫生、安全的饮水。青饲料中富含 80%～90% 的水，干粉饲料中也含有一点水分，以及鹅体自身在代谢过程中产生的代谢水，都是鹅摄取水分的重要来源。

鹅对水的需要量受环境温度、年龄、体重、采食量、饲料成分和饲养方式等因素的影响。一般温度越高，干物质采食越多，需水量越多；饲料中蛋白质、矿物质、粗纤维含量多，需水量增多；采食含水量较多的青绿多汁饲料，饮水减少。另外，鹅的生产性能也影响其需水量，一般生长速度快、产蛋量高的鹅需水量多，反之则少。

三、鹅饲料的配合与加工

鹅的饲料来源广泛，根据其营养特性可以分为青绿饲料、粗饲料、青贮饲料、能量饲料、蛋白质饲料、矿物质饲料、维生素饲料及饲料添加剂等。不同的饲料营养差异较大，了解各种饲料的营养特点及其影响因素，对于合理调配日粮，提高饲料的营养价值具有重要意义。

（一）青绿饲料

青绿饲料品种繁多、富含叶绿素，主要包括牧草类、叶菜类、水生植物类、根茎类饲料等。青绿饲料来源广泛、成本低廉，是养鹅业最主要、最经济的一类饲料。

青绿饲料的营养特点：水分含量高，一般高于 60%；含有丰富的维生素和矿物质，适口性好；粗纤维中的木质素含量较少，容易消化；干物质含量较少，在放牧饲养的条件下，可对雏鹅、种鹅适当补充精饲料。为了利于鹅群采食和消化，青绿饲料在使用前可进行适当切碎或打浆。鹅常用青绿多汁饲料的营养成分见表4-1。

表4-1　常用青绿饲料营养成分表

饲　料	水分（%）	代谢能（千焦/克）	粗蛋白质（%）	粗纤维（%）	钙（%）	磷（%）
白　菜	95.1	2.5	1.1	0.7	0.12	0.04
苦卖菜	90.3	54.6	2.3	1.2	0.14	0.04
苋　菜	88.0	63.0	2.8	1.8	0.25	0.07
甜菜叶	89.0	126.0	2.7	1.1	0.06	0.01
莴苣叶	92.0	67.2	1.4	1.6	0.15	0.08
胡萝卜秧	80.0	159.6	3.0	3.6	0.40	0.08
甘　薯	75.0	369.6	1.0	0.9	0.13	0.05
胡萝卜	88.0	159.6	1.1	1.2	—	—
南　瓜	90.0	142.8	1.0	1.2	0.04	0.02
三叶草	88.0	71.4	3.1	1.9	0.13	0.04
苕　子	84.2	84.0	5.0	8.5	0.20	0.06
紫云英	87.0	63.0	2.9	2.5	0.18	0.07
黑麦草	83.7	—	3.5	3.4	0.10	0.04
犬尾草	89.9	—	1.1	3.2	—	—
马唐草	71.9	184.4	3.3	6.7	0.16	0.03
苜蓿	70.8	105.0	5.3	10.7	0.49	0.09
聚合草	88.8	58.8	3.7	1.6	0.23	0.06

1. 野生牧草和杂草　我国草原面积广阔，野生牧草和杂草丰富，是很好的养鹅饲料资源。野生牧草、杂草的特点是水分含量多，粗蛋白质含量较高，粗纤维则相对较低，各种矿物质和维生素含量非常丰富。因此，这类饲料是天然的全面平衡饲料。但

随着生长老化，这类饲料的营养价值逐渐降低。

2. 栽培青绿饲料 这类饲料主要是指人工种植栽培的各种植物，包括谷物、豆类作物（玉米、苏丹草、麦类、黑麦草等）；叶菜类和瓜、荚、根类的秧蔓等可食部分（甘蓝、甜菜、白菜、甘薯、胡萝卜等）；人工栽培驯化或待驯化的野生牧草和其他植物（紫花苜蓿、象草、三叶草、沙打旺等）。某些植物中含有的成分，鹅大量采食后会导致中毒，如苏丹草和高粱类幼嫩草青草中含有氢氰酸、草木樨中含有香豆素、沙打旺中含有脂肪族硝基化合物等，这些草类在饲喂时应控制其用量，以防止鹅群使用量过多而造成中毒。

3. 水生青饲料 水生的绿萍、水浮莲、水葫芦等都是非常重要的水生植物，是可以供鹅群在水中采食的青绿饲料。尽管这类饲料中干物质含量很低，单位质量提供的能量和营养物质的也是有限的，但在水源丰富地区，这些水生植物也是养鹅业重要的饲料来源。

（二）粗 饲 料

粗饲料在自然状态下水分含量在45%以下，粗纤维含量较高。常用粗饲料主要包括干草类、农副产品类（秸、秧、蔓、藤、壳、荚）、树叶类、糟渣类等。

（三）青贮饲料

青贮饲料是由青绿饲料收割后或经过一定凋萎后，自然发酵或利用乳酸菌发酵调制而成。

青贮饲料原料来源广泛，制作简单，存放时间长，还可减少青绿饲料中硝酸盐、氢氰酸等有毒物质的含量。发酵后的青贮饲料多汁，不仅保留了青绿饲料的营养物质，而且富含维生素和菌体蛋白，粗纤维质地变软，能提高消化率。青贮饲料能克服其他饲料造成的便秘。常见青贮饲料的营养成分见表4-2。

表4-2　常见青贮饲料的营养成分　（干物质基础）

青贮饲料	干物质（%）	粗蛋白质（%）	粗纤维（%）	钙（%）	磷（%）
青贮玉米	29.2	5.5	31.5	0.31	0.27
青贮苜蓿	33.7	15.7	38.4	1.48	0.30
青贮甘薯藤	33.1	6.0	18.4	1.39	0.45
青贮甜菜叶	37.5	12.3	19.7	1.04	0.26
青贮胡萝卜	3.6	8.9	18.6	1.06	0.13

（四）能量饲料

能量饲料是指干物质中粗纤维的含量小于18%，粗蛋白质的含量低于20%的饲料。这类饲料在鹅的日粮中所占比重很大，是能量的主要来源，主要包括谷实类、糠麸类、块根块茎及其加工副产品、动植物油脂和乳清粉等。

1. 谷实类饲料　本类饲料共同的营养特点：无氮浸出物含量高，一般占干物质的70%～80%；粗纤维含量低，一般占5%以内，而带壳的大麦、燕麦、稻和粟等的粗纤维可达到10%左右。谷物的可利用能值高，因而是养鹅业的重要能量饲料。谷物类的饲料包括玉米、大麦、小麦、高粱、燕麦等。

（1）玉米　在谷类饲料中能值最高，因此号称饲料之王，在配合饲料中占的比重很大，有效能值很高。玉米中粗蛋白质含量低，只有7%～9%，其蛋白品质较差，而且缺少多种畜禽必需氨基酸，矿物质元素和维生素也不能满足鹅的营养需要。因此，在配合饲料中需要补充其他饲料和添加剂。

黄玉米中色素含量较多，包括胡萝卜素、玉米黄素和叶黄素，对保持蛋黄、皮肤及脚部的着色具有重要作用。

（2）大麦　是皮大麦和裸大麦的总称，裸大麦粗蛋白质含量高于皮大麦。大麦粗蛋白质含量高且品质好，粗纤维含量高于玉米。大麦约含代谢能 11.34 兆焦 / 千克，比玉米低。鹅饲粮中大麦的用量一般为 15%～30%，雏鹅应限量。

（3）**小麦** 粗蛋白质含量高，达 11%～16%；能值含量高，代谢能约为 12.5 兆焦 / 千克。但小麦中苏氨酸、赖氨酸等必需氨基酸含量较低，必须与其他饲料配合使用。

（4）**高粱** 碳水化合物含量约为 70%，脂肪含量为 3%～4%，其代谢能在有效能值仅次于玉米。高粱的粗蛋白质含量较低，且品质较差，所有必需氨基酸的含量均不能满足鹅的营养需要。其他成分与玉米相似。

高粱含有植酸态磷和单宁，两者均属于抗营养因子，前者影响蛋白质、矿物质的利用率，后者影响蛋白质和能量的吸收利用。因此，高粱在鹅日粮中应限量使用。

（5）**燕麦** 代谢能约为 11 兆焦 / 千克，其粗蛋白质含量为 9%～11%，赖氨酸含量较高，粗纤维含量也较高。因此，燕麦不宜在雏鹅和种用鹅中过多使用。

2. 糠麸类饲料 糠麸类饲料是谷物加工制米或制粉后的副产品，制米的副产品称为糠，制粉的副产品称为麸。

其营养特点是无氮浸出物比谷实类饲料少，粗蛋白质含量与品质居于豆科籽实与禾本科籽实之间，粗纤维和粗脂肪含量较高，易酸败变质，矿物质中磷大多以植物盐形式存在，钙、磷比例不平衡。另外，糠麸类饲料来源广，质地松软、适口性好。

（1）**麦麸** 包括小麦、大麦等的麸皮，含蛋白质、磷、镁和 B 族维生素较多，适口性好，质地蓬松，具有轻泻作用，是养鹅的常用饲料，但粗纤维含量高，应控制用量。一般雏鹅和产蛋期鹅麦麸用量占日粮的 5%～15%，育成期占 10%～25%。

（2）**米糠** 是糙米加工成白米时分离出的种皮、糊粉层、胚及少量胚乳的混合物。其营养价值与加工程度有关。含粗蛋白质 12% 左右，钙少磷多，B 族维生素丰富，粗脂肪含量高，易酸败变质，天热不宜长久贮存。由于米糠中粗纤维含量也多，影响了消化率，同样应限量使用。一般米糠用量雏鹅占日粮的 5%～10%，育成期占 10%～20%。

（3）块根、块茎和瓜类　这类饲料含水分高，自然状态下一般为 70%～90%。干物质中淀粉含量高，纤维少，蛋白质含量低，缺乏钙、磷，维生素含量差异大。常用的有甘薯、马铃薯、胡萝卜、南瓜等，由于适口性好，鹅都喜欢吃，但养分往往不能满足需要，饲喂时应配合其他饲料。

（五）蛋白质饲料

蛋白质饲料是指干物质中粗纤维含量在 18% 以下，粗蛋白质含量大于或等于 20% 的饲料。可分为植物性蛋白质饲料、动物性蛋白质饲料、单细胞蛋白质饲料和合成氨基酸四类。

1. 植物性蛋白质饲料　包括豆科籽实、饼粕类及部分糟渣类饲料。鹅常用的是饼粕类饲料，它是豆科籽实和油料籽实提油后的副产品，其中压榨提油后块状副产品称作饼，浸提出油后的碎片状副产品称粕。常见的有大豆饼粕、菜籽饼粕、棉仁饼粕、花生饼粕等。这类饲料的营养特点是粗蛋白质含量高，氨基酸较平衡，生物学价值高；粗脂肪含量因加工方法不同差异较大，一般饼类含油量高于粕类；粗纤维的含量与加工时有无壳有关；矿物质中钙少磷多；B 族维生素含量丰富。这类饲料往往含有一些抗营养因子，使用时应注意。

（1）大豆饼粕　是所有饼粕类饲料中质量最好的，蛋白质含量达 40%～50%，氨基酸含量高，与玉米配合使用效果较好，但蛋氨酸含量偏低。另外，生豆饼和生豆粕中含有胰蛋白酶抑制因子、血凝素、皂角等抗营养因子，会影响蛋白质的利用，可以通过加热处理来破坏这些有害物质，但加热不当也会对蛋白质产生热损害，影响赖氨酸的吸收和利用。大豆饼粕可作为蛋白质饲料的唯一来源来满足鹅对蛋白质的需要，适当添加蛋氨酸和赖氨酸，基本上可配制氨基酸平衡的日粮。

（2）**菜籽饼粕**　是油菜籽榨油后的副产品，粗蛋白质含量在36%左右，是一种氨基酸组成平衡的饲料。其粗纤维含量较高，有效能值低。

菜籽饼粕含有硫葡萄糖苷（GS）、芥子碱和单宁等多种抗营养因子。GS的降解产物有毒，能引起动物出现肾炎、胃肠炎、支气管炎等，还会引起甲状腺肿大，抑制动物生长和繁殖。因此，菜籽饼粕应限量饲喂，一般可占日粮的5%～8%，幼雏日粮中应避免使用。

（3）**棉籽饼粕**　是棉籽脱壳取油后的副产品，粗蛋白质含量为32%～37%，氨基酸中精氨酸含量较高，赖氨酸和蛋氨酸含量较低。游离棉酚是棉籽饼粕中主要抗营养因子，在动物体内会引起累积性中毒，会影响动物细胞、血液和繁殖功能，在日粮中应其控制用量。通常，雏鹅及种用鹅用量不超过8%，其他鹅10%～15%。

2. 动物性蛋白质饲料　包括水产品、肉、乳、蛋等加工的副产品，屠宰场、皮革厂的废弃物及缫丝厂的蚕蛹等。这类饲料的特点是蛋白质含量高，品质好，矿物质含量丰富，维生素中尤其是B族维生素含量高，碳水化合物含量少，消化率高。

（1）**鱼粉**　各种鱼粉中，全鱼粉的质量最好，普通鱼粉次之，粗鱼粉最差。鱼粉的蛋白质含量高，一般全鱼粉中粗蛋白质含量为60%以上。鱼粉中氨基酸组成全面、平衡，其主要氨基酸与动物体内组织氨基酸的组成基本一致。鱼粉中钙磷含量丰富，比例适宜；富含维生素，如脂溶性维生素，水溶性维生素中的核黄素、生物素和维生素B_{12}的含量丰富，并且含有未知生长因子；微量元素中碘、硒含量高。

鱼粉的营养成分，因原料质量和加工工艺不同而差异较大。进口鱼粉，质量较高的是秘鲁鱼粉和白鱼鱼粉；国产鱼粉中由于原料品种和加工工艺不同，产品的质量参差不齐。

（2）**肉骨粉**　因原料来源不同，骨骼所占比例不同，营养物质含量差异较大，粗蛋白质含量20%～50%；氨基酸含量丰富，但蛋氨酸、色氨酸少；钙、磷含量丰富；维生素 B_{12} 含量较多，维生素 A、维生素 D、维生素 B_2、烟酸等含量较少。

肉骨粉在鹅日粮中可搭配5%左右。

（3）**血粉** 是以畜禽血液为原料，脱水加工制成的粉状产品，粗蛋白质含量80%以上；赖氨酸含量达6%～7%，居天然饲料之首；异亮氨酸和蛋氨酸含量较少。

血粉加工工艺不同，蛋白质和氨基酸利用率差别很大。低温高压喷雾干燥的血粉比蒸煮法制备的血粉质量好。血粉中含铁多，钙、磷含量少，适口性较差，因此在日粮中不宜多用，通常占日粮的1%～3%。

（4）**羽毛粉** 是家禽羽毛经清洗、高压水解、干燥粉碎而成。粗蛋白质含量为80%～85%，胱氨酸含量高，而赖氨酸、蛋氨酸和色氨酸含量低。由于羽毛粉适口性差、氨基酸组成不平衡和蛋白质生物学价值低，因此应控制其在饲料中的添加量。

（5）**蚕蛹粉和蚕蛹饼** 蚕蛹粉是蚕蛹经干燥、粉碎后的产品。蚕蛹粉中蛋白质含量高，40%为几丁质氮，其余为优质蛋白质；赖氨酸、蛋氨酸、色氨酸等含量高，因此蚕蛹粉是优质蛋白质氨基酸的主要来源。蚕蛹粉中脂肪含量较高，尤其含有较多不饱和脂肪酸，若储存不当，易酸败变质。蚕蛹饼进行了脱脂处理，蛋白质含量更高，易储存。

3. 单细胞蛋白饲料 是由单细胞或具有简单构造的多细胞生物的菌体蛋白构成，又称微生物蛋白质饲料。这类蛋白质饲料主要包括酵母、非病原菌、原生动物及藻类。

（1）**饲料酵母** 因原料及加工工艺不同，营养组成差异非常大。一般，风干后的饲料酵母中粗蛋白质含量为40%～50%，赖氨酸含量高，蛋氨酸含量偏低，B族维生素丰富。蛋白质生物学价值不如鱼粉，与优质豆饼相当。饲料酵母有苦味，适口性差，在鹅日粮中的配比一般不超过5%。

（2）单细胞藻类　是指生活于水中的小型单细胞浮游生物体，目前用于饲料的藻类有绿藻和蓝藻 2 种。藻类蛋白质含量高，氨基酸组成均衡，营养成分全面，含有丰富的类胡萝卜素和未知生长因子，但其细胞壁厚，叶绿体难以消化，因此畜禽的利用率较低，可在饲料中少量添加。

（六）矿物质饲料

矿物质饲料以提供矿物元素为目的，主要包括食盐、钙磷补充饲料及其他矿物元素补充饲料等。

1. 钙、磷饲料

（1）钙源饲料

①石粉　主要指石灰石粉，主要成分为碳酸钙，含钙量一般不低于 33%。

②贝壳粉　由海水或淡水软体动物的外壳加工而成，含钙量一般在 34%～38%。优质贝壳粉含钙量高，杂质少。

③蛋壳粉　由蛋品加工厂和大型孵化场收集的蛋壳，经灭菌、干燥、粉碎而成，含钙量 30%～35%。蛋壳粉用于产蛋鹅或种鹅的饲料中，能增加蛋壳硬度。

④硫酸钙　俗名石膏，颜色为灰白或灰黄色，高温高湿条件下可能会潮解结块，含钙量在 20% 左右。

（2）磷、钙源饲料

①骨粉　是以动物骨骼为原料，经热压、脱脂、脱胶、干燥、粉碎而制成的产品，其主要成分是磷酸钙，钙磷比例约为 2:1，是钙、磷含量较平衡的矿物质饲料。未经脱脂、脱胶、灭菌的骨粉，常携带、滋生病原体，易酸败变质，降低骨粉的品质。

②磷酸钙盐　包括磷酸氢钙、磷酸二氢钙、磷酸钙，动物对其中的钙、磷利用率高，是优质的钙、磷源饲料。磷酸盐矿物质饲料中常含氟，含量超过 0.2% 会引起鹅中毒，甚至大批死亡。含氟量高的磷矿石需要脱氟处理。

2. 食盐 含氯60%、钠39%。食盐的作用包括刺激唾液分泌、促进消化的作用、改善饲料味道、增进食欲、维持机体细胞正常渗透压等。植物性饲料中钠和氯含量较少，而动物性饲料中含量较高。鹅日粮中动物性饲料用量少，需要补充食盐。一般日粮中食盐的添加量为0.25%～0.5%。鹅对食盐敏感，添加过多会引起中毒，因此在使用含盐较高的饲料时应注意。

3. 微量元素矿物质饲料 这类饲料通常以微量元素添加剂预混料的形式添加到日粮中，用于补充鹅生长发育和产蛋所需的各种微量元素。鹅对微量元素的需要量很少，一般不能直接加到日粮中，而是将微量元素化合物按一定比例配合成预混料，添加到饲粮中。

（七）维生素饲料

维生素饲料是指由工业合成或提纯的维生素制剂，习惯上称为维生素添加剂。

鹅对维生素的需要量受多种因素影响，如环境条件、饲料加工工艺、储存时间、饲料组成、动物生产水平与健康状况等都会增大维生素的需要量，因此，维生素的实际添加量比饲料标准中的最低需要量高。

青绿饲料、青干草粉等富含维生素，虽不属于维生素饲料，但在养鹅生产中常作为鹅维生素的来源，节约了精饲料，减少了维生素添加剂的用量，降低了生产成本。

（八）饲料添加剂

饲料添加剂是指为增强日粮的营养价值、提高其利用率，减少饲料储存时的营养损失，促进动物生长或预防疾病、改进产品品质等而加入配合饲料中的少量或微量物质。这里所述饲料添加剂是指非营养性添加物质。

1. 药物添加剂 指用于预防、治疗动物疾病，驱虫保健或促进动物健康的一类非营养添加剂，主要包括抗生素类、合成类抗菌药物、驱虫保健类药物等。

（1）抗生素类 抗生素是指某些微生物的发酵或代谢产物，能抑制或杀灭特异性微生物，有的抗生素还具有促生长作用，可提高饲料报酬。当鹅处于育雏阶段或逆境时，添加适量促生长类抗生素，可提高鹅生产水平，增加饲料报酬，如恩拉霉素、泰乐菌素、维吉尼霉素、北里霉素等。当鹅处于疾病状态时，可在日粮中添加某些具有杀菌或抑菌作用的抗生素。

（2）合成类抗菌药物 是化学合成的药物，可用于防治细菌性传染病。

（3）驱虫保健类药物 主要包括抗螨虫药和抗球虫药。抗螨虫药有越霉素 A、潮霉素 B 等，可以掺入饲料中或添加到饮水中。抗球虫药有莫能霉素钠、盐霉素钠等，一般添加在饲料中使用。抗球虫药种类多，但容易产生耐药性，因此在生产中一般采用几种抗球虫药轮换使用。

2. 饲料品质改良剂

（1）抗氧化剂 其作用是防止饲料氧化变质，保存维生素的活性，提高饲料的稳定性和储存期。常用的抗氧化剂有乙氧基喹啉（乙氧喹）、丁基羟基茴香醚（BHA）、二丁基羟基甲苯（BHT）、维生素类抗氧化剂（如维生素 C、维生素 E）等。

（2）防霉防腐剂 高温高湿季节，饲料易霉变，降低饲料的适口性和营养价值，甚至引起中毒，因此在储存的饲料中应添加防霉防腐剂。目前常用防霉防腐剂有丙酸、丙酸钠和丙酸钙。

（3）其他添加剂 除了抗氧化剂和防霉防腐剂外，饲料品质改良添加剂还包括食欲增进剂、饲用着色剂、饲料缓冲剂、抗结块剂和黏结剂等。

饲料中添加食欲增进剂能增加鹅的采食量，提高饲料利用率，常用的食欲增进剂有香料、调味剂和诱食剂。饲料中添加着色剂可以改善鹅产品的外观，提高商品价值。此外，饲料颜色的改变还可以刺激鹅的食欲。如叶黄素和胡萝卜素的添加，可使鹅皮肤和蛋黄色泽鲜艳。

四、鹅的饲养标准与日粮配合

（一）鹅的饲养标准

饲养标准是根据鹅的品种、用途、年龄、性别、生理状态、生产水平、环境条件等，科学地规定每只鹅每天应给予的能量与各种营养物质的最低数量，既要满足鹅的营养需要，充分发挥其生产性能，又要降低饲料消耗，节约成本，获得最大经济收益。

饲养标准是根据科学实验和生产实践经验制定的，具有普遍的指导意义。很多国家都有自己的饲养标准，侯水生等制定了我国的肉鹅饲养标准草案（表4-3），一些国外的鹅饲养标准如美国NRC鹅饲养标准（表4-4）、俄罗斯鹅饲养标准（表4-5）等也可供养殖人员参考。

表4-3　我国肉鹅饲养标准

营养成分	0～3周	4～8周	8周至上市	维持饲养期	产蛋期
粗蛋白质（%）	20.00	16.50	14.00	13.00	17.50
代谢能（兆焦/千克）	11.53	11.08	11.91	10.38	11.53
钙（%）	1.00	0.90	0.90	1.20	3.2
有效磷（%）	0.45	0.40	0.40	0.45	0.50
粗纤维（%）	4.00	5.00	6.00	7.00	5.00
粗脂肪（%）	5.00	5.00	5.00	4.00	5.00
赖氨酸（%）	1.00	0.85	0.70	0.50	0.60
精氨酸（%）	1.15	0.98	0.84	0.57	0.66
蛋氨酸（%）	0.43	0.40	0.31	0.24	0.28

续表 4-3

营养成分	0～3 周	4～8 周	8 周至上市	维持饲养期	产蛋期
蛋氨酸＋胱氨酸（％）	0.70	0.80	0.60	0.45	0.50
色氨酸（％）	0.21	0.17	0.15	0.12	0.13
丝氨酸（％）	0.42	0.35	0.31	0.13	0.15
亮氨酸（％）	1.49	0.16	1.09	0.69	0.80
异亮氨酸（％）	0.80	0.62	0.58	0.48	0.55
苯丙氨酸（％）	0.75	0.60	0.55	0.36	0.41
苏氨酸（％）	0.73	0.65	0.53	0.48	0.55
缬氨酸（％）	0.89	0.70	0.65	0.53	0.62
甘氨酸（％）	0.10	0.90	0.77	0.70	0.77
维生素 A（国际单位／千克）	15 000	15 000	15 000	15 000	15 000
维生素 D_3（国际单位／千克）	3 000	3 000	3 000	3 000	3 000
胆碱（毫克／千克）	1 400	1 400	1 400	1 200	1 400
核黄酸（毫克／千克）	5.00	4.00	4.00	4.00	5.50
泛酸（毫克／千克）	11.00	10.00	10.00	10.00	12.00
维生素 B_{12}（毫克／千克）	12.00	10.00	10.00	10.00	12.00
叶酸（毫克／千克）	0.50	0.40	0.40	0.40	0.50
生物素（毫克／千克）	0.20	0.10	0.10	0.15	0.20
烟酸（毫克／千克）	70.00	60.00	60.00	50.00	75.00
维生素 K（毫克／千克）	1.50	1.50	1.50	1.50	1.50
维生素 E（国际单位／千克）	20.00	20.00	20.00	20.00	40.00
维生素 B_1（毫克／千克）	2.20	2.20	2.20	2.20	2.20
吡哆醇（毫克／千克）	3.00	3.00	3.00	3.00	3.00
锰（毫克／千克）	100.00	100.00	100.00	100.00	100.00
铁（毫克／千克）	96.00	96.00	96.00	96.00	96.00
铜（毫克／千克）	8.00	8.00	8.00	5.00	5.00

续表 4-3

营养成分	0～3 周	4～8 周	8 周至上市	维持饲养期	产蛋期
锌（毫克 / 千克）	80.00	80.00	80.00	80.00	80.00
硒（毫克 / 千克）	0.30	0.30	0.30	0.30	0.30
钴（毫克 / 千克）	1.00	1.00	1.00	1.00	1.00
钠（毫克 / 千克）	1.80	1.80	1.80	1.80	1.80
钾（毫克 / 千克）	2.40	2.40	2.40	2.40	2.40
碘（毫克 / 千克）	0.42	0.42	0.42	0.30	0.30

表 4-4　美国 NRC（1994）鹅饲养标准　（90% 干物质）

营养成分	雏鹅（0～4 周）	生长鹅（4 周以后）	种　鹅
代谢能（兆焦 / 千克）	12.13	12.55	12.13
粗蛋白质（%）	20	15	15
赖氨酸（%）	1.0	0.85	0.6
蛋氨酸＋胱氨酸（%）	0.60	0.50	0.50
钙（%）	0.65	0.60	2.25
非植物磷（%）	0.30	0.30	0.30
维生素 A（国际单位 / 千克）	1 500	1 500	4 000
维生素 D_3（国际单位 / 千克）	200	200	200
胆碱（毫克 / 千克）	1 500	1 000	—
烟酸（毫克 / 千克）	65.0	35	20.0
泛酸（毫克 / 千克）	15.0	10.0	10.0
核黄素（毫克 / 千克）	3.8	2.5	4.0

表4-5 俄罗斯鹅饲养标准 （每千克饲料含量）

营养成分	日龄			种鹅
	1～20	21～60	61～180 后备鹅	
代谢能（千焦／千克）	11 760	11 760	10 920	2 500
粗蛋白质（%）	20.0	18.0	14.0	14.0
能量蛋白比	140	155	176	178
粗纤维（%）	5.0	7.0	8.0	10.0
钙（%）	1.6	1.6	2.0	1.6
磷（%）	0.8	0.8	0.8	0.8
食盐（%）	0.4	0.4	0.4	0.4
饲料量（克／只·天）				
赖氨酸（%）	1.0	0.9	0.7	0.63
蛋氨酸（%）	0.5	0.45	0.35	0.35
胱氨酸（%）	0.28	0.25	0.20	0.20
色氨酸（%）	0.22	0.20	0.16	0.16
精氨酸（%）	1.00	0.90	0.70	0.82
组氨酸（%）	0.47	0.42	0.33	0.33
亮氨酸（%）	1.66	1.49	1.15	0.95
异亮氨酸（%）	0.67	0.60	0.47	0.47
苯丙氨酸（%）	0.83	0.74	0.57	0.49
酪氨酸（%）	0.37	0.33	0.26	0.32
苏氨酸（%）	0.61	0.55	0.43	0.46
缬氨酸（%）	1.05	0.94	0.73	0.67
甘氨酸（%）	1.10	0.99	0.77	0.77
维生素添加量（吨）				
维生素 A（百万单位）	10	5	5	10
维生素 D_3（百万单位）	1.5	1.0	1.0	1.5
维生素 E（百万单位）	5.0	—	—	5

续表 4-5

营养成分	日 龄			种 鹅
	1～20	21～60	61～180后备鹅	
维生素 K₃（毫克）	2	1	1	2
维生素 B₁（毫克）	—	—	—	—
维生素 B₂（毫克）	2	2	2	3
维生素 B₃（毫克）	10	10	10	10
维生素 B₄（毫克）	1 000	1 000	1 000	1 000
烟酸（毫克）	30	30	30	20
维生素 B₆（毫克）	2	—	—	—
维生素 B₇（毫克）	0.5	—	—	—
维生素 B₁₂（毫克）	25	25	25	25
维生素 C（毫克）	—	—	—	—
微量元素（克／吨）				
锰	50			
锌	50			
铁	25			
铜	2.5			
钴	2.5			
碘	1.0			

（二）鹅的日粮配合

根据鹅在不同生长阶段的发育特点及营养需要合理地设计饲料配方、搭配日粮，是科学饲养鹅的重要环节。日粮的合理搭配，既可以保证鹅群正常的生长和生产，又能合理利用饲料，降低饲料成本，获得最佳的饲养效果和经济效益。

生产实践中，进行日粮配合时，应根据鹅的品种、生长发育性能、生产性能、环境特点、饲养方式、疫病应激以及饲料资源等条件，因地制宜地选择适宜的饲养标准。同时根据实际饲喂效果及时对日粮配方进行调整，最终制定出成本低、营养全面、能充分满足鹅营养需要的日粮配方。

1. 鹅日粮配合原则

（1）**满足鹅的营养需要** 鹅能通过调节采食量来满足自身对能量的需求，若日粮中能量水平较低时采食量多，反之则少，这就所谓的"以能为食"。因此，在日粮配合时首先确定能量，然后再确定其他营养物质的量。选择合适的饲养标准，饲养标准可根据生产实践中鹅的饲养方式、生长发育水平及生产性能等进行适当调整，以满足鹅的营养需要。

（2）**符合鹅的消化生理特点** 在进行鹅的日粮配合时，选择的饲料原料要符合鹅的消化生理特点。如饲料中粗纤维的含量应为5%～10%，过低则会引起鹅消化不良，甚至出现啄癖。处于限饲阶段的鹅群，其饲料中粗纤维的含量可达10%～20%。

（3）**合理使用添加剂** 根据鹅不同的饲养方式、养殖环境和地区特点等，合理使用添加剂。如放牧条件下，维生素、微量元素和人工合成的氨基酸等添加剂一般可少用或不用；某些缺碘山区养鹅，无论是放牧还是舍饲都要添加碘制剂。添加剂的使用要适量，过多或过少都会影响鹅的生长发育、生产性能，甚至会引起疾病。

（4）**符合饲料卫生质量标准** 配合饲料要符合国家饲喂卫生质量标准，切忌选用发霉、变质、被农药或病原微生物污染的饲料，控制饲料中有毒物质、细菌、霉菌、重金属等不超标。

（5）**饲料搭配多样化** 日粮配合的种类尽量多一些，多种饲料搭配可使饲料之间的营养物质互补，提供饲料的营养价值和利用率。

（6）**符合经济原则** 尽量充分利用当地的饲料资源，既要考虑饲料价格，又要考虑饲料原料的多样化、营养价值，降低饲料成本，提高经济效益。

2. 鹅日粮特点

（1）精饲料用量少。鹅是草食动物，耐粗饲。尤其是我国的一些地方品种，白天放牧采食天然青绿饲料和植物籽实，早、中、晚补饲混合饲料，精饲料用量很少。

（2）鹅采食低能量、高纤维日粮最经济。鹅产蛋量低，后备种鹅应进行限制饲养直至成熟。

（3）圈养鹅的营养需要与鸡基本相同，饲料配方可参照鸡饲料。在饲喂配合饲料时，可加入30%～50%的青绿饲料或适量的青干草粉、植物叶粉等。动物性饲料可选择价格较低的次级鱼粉、肉骨粉等。

（4）鹅肥肝生产使用的饲料配方，90%以上为玉米、稻谷等高能量饲料，再配合1%～5%的动植物油脂和适量的食盐、维生素、沙粒等。

3. 鹅日粮配合方法 鹅日粮配合的方法有多种，包括试差法、联立方程法、十字交叉法和电子计算机法等。在养鹅生产中，若饲料种类和营养指标不多，可以采用试差法、联立方程法、十字交叉法等；反之，则需要采用电子计算机法。

试差法是日粮配合常用方法，又称为凑数法。该方法的具体做法：首先根据饲养标准规定，初步计算各种饲料原料的比例，然后再计算出主要营养指标的含量。将所得结果与饲养标准进行比较，通过调整和重新计算，直至所有营养指标都符合饲养标准的要求。

鹅的饲养方式多样化，有传统开放式、现代封闭式；有以青饲料饲喂为主，也有以饲喂配合饲料为主。养殖人员可以根据不同的饲养方式，饲养环境、条件，同时结合本地区的养殖经验来制定鹅日粮的最佳配方。

4. 鹅饲料配方实例 现介绍几种产蛋鹅、种鹅的饲料配方（表4-6、表4-7），仅供参考。

表 4-6　产蛋鹅及种鹅饲料配方一

原　料	配　比	原　料	配　比
玉　米	40.8%	磷酸氢钙	4.9%
菜籽粕	4%	石　粉	3.8%
豆　粕	18%	食　盐	0.4%
麦　麸	8%	添加剂	0.5%
高　粱	19.6%		

表 4-7　产蛋鹅及种鹅饲料配方二

原　料	配　比	原　料	配　比
玉　米	44%	棉仁饼	3%
糠　麸	12%	骨　粉	1%
青　糠	13%	贝壳粉	5%
麸　皮	4.5%	食　盐	0.2%
豆　饼	12%	蛋氨酸	0.1%
菜籽饼	5%	微量元素	0.2%

第五章

鹅的饲养管理

一、肉用鹅的饲养管理

（一）肉用鹅的生产特点

第一，具有明显的季节性。鹅的繁殖有明显的周期性，导致肉鹅生产具有明显的季节性。我国大部分鹅的品种都属于短日照品种，通常每年 9 月份到第二年 4～5 月份是母鹅的产蛋期，因此一般 7～10 月份市场上的商品肉仔鹅缺乏供应。有少数北方鹅种属于长日照品种，每年春夏为其繁殖季节。由此可见，无论是短日照鹅品种还是长日照鹅品种，都具有明显季节性繁殖的特点，因此肉鹅的生产就具有明显的季节性，一些月份会出现肉鹅供应短缺现象，对肉鹅市场的稳定及养殖业的发展产生了较大影响。

第二，生长发育迅速。肉鹅生长发育快，产肉能力强。地方鹅小型品种 70 天体重可达 2.5～3 千克，中型鹅品种 70 天体重可达 3～4 千克，大型鹅品种 70 天体重可达 6 千克以上。由于肉鹅的生长发育快，生长周期短，具有投资少、收益快、获利多等优点。

（二）肉用仔鹅的饲养管理

肉用仔鹅具有生长速度快、生长周期短等特点，在养殖过程中应采用科学的肉鹅阶段饲养管理技术，降低养殖风险，提高养殖效益。

1. 育雏期饲养管理

（1）雏鹅的特点

①体温调节能力差　刚出壳的雏鹅，羽毛稀薄，体温调节能力差，尤其是对冷的适应性较差。7 日龄雏鹅体温比成年鹅低 3℃，20 日龄以内的雏鹅体温调节功能也没有发育完善，在饲养过程中仍需给予保温。

②生长发育迅速，代谢旺盛　雏鹅生长速度快，20 日龄时体重可增长 10 倍左右，肌肉沉积快。为保证雏鹅的快速生长发育，必须给予充足的饮水和饲料供应。

③消化吸收能力弱　雏鹅的消化道短，容积小，消化腺功能差，因此消化能力不强。可采用少喂勤添、熟化处理饲料等措施来提高饲料利用率。

④公母鹅生长速度不同　饲养管理条件相同，公雏比母雏体重要多 5%～25%，饲料报酬好。公母分饲可提高成活率、饲料报酬和养殖的经济效益。

⑤抗病力较差　雏鹅的抗病力较弱，易感染疾病，应采取严格的饲养管理措施，做好防疫工作，提高雏鹅成活率。

（2）育雏前的准备工作

①育雏舍及设备　进雏前，全面检查育雏舍，及时维修出现破损或故障的各种设备，对育雏舍内外彻底清扫、消毒。育雏舍的入口应设置消毒池，对出入人员严格消毒。育雏设备包括育雏伞、红外线灯泡、水槽、食盘等。进雏前 1 天要对鹅舍供暖，温度达到 28～30℃才能进雏鹅。

②选择雏鹅　根据生产用途选择雏鹅的品种，一般选择适

应性广、抗病力强的品种。若进行商品肉鹅生产，可选择体大快长的白羽大中型鹅种，如白罗曼、霍尔多巴吉等；若进行鹅蛋生产，可选择豁眼鹅等产蛋量高的品种。

雏鹅的生长发育和成活率受雏鹅质量好坏的影响，为保证饲养效果，应严格选择所进雏鹅。从出雏时间看，应选择按时出壳的雏鹅；从脐肛看，应选择腹部柔软、卵黄吸收充分、脐部收缩良好、肛门清洁的雏鹅；从绒毛看，应选择粗、干燥、有光泽的雏鹅；从体态看，要选择站立平稳、两眼有神、体重正常的雏鹅；从活力看，应选择行动活泼、叫声有力、挣扎有力的雏鹅。

③雏鹅的运输　一般采用专用雏箱装运雏鹅，雏鹅数量不宜过多，以免中途出现挤压。运输过程中应注意保暖和通风，运输时间最好不要超过 24 小时，以保证雏鹅及时开水、开食。

若种鹅群未免疫小鹅瘟疫苗，其所产后代雏鹅应注射小鹅瘟抗血清后再起运。

（3）育雏方法　根据不同地区的气候条件、育雏季节等可选择不同的育雏方法。目前，国内较大的种鹅场一般选择供暖育雏，主要有以下几种方式：

①网上育雏　雏鹅饲养在距离地面 50～60 厘米高的铁丝网或竹板网上，热源主要通过室内烟道提供。该方法育雏管理方便、劳动强度小，雏鹅与粪便不接触，发病率低，成活率高。

②立体笼育雏　雏鹅在分层育雏笼中育雏，能更有效地利用鹅舍和热能，干净卫生，效率高。缺点是设备价格高，对管理要求高，工厂化育雏多采用这种方式。

③电热育雏　采用伞状育雏器，每个保温伞可饲养雏鹅 80 只左右。此种方法简便、易调温、节省人力，但耗电多，成本较高。

④垫料育雏　干燥的地面上铺上洁净柔软的垫料，如锯末、稻壳、刨花等，垫料上采用红外线灯、火炉、火墙、热风炉等保温。

⑤火炕育雏　北方农村多采用此法，雏鹅在温暖的炕面上活

动，温度平稳，育雏效果好。

（4）雏鹅的饲养

①饲料　根据雏鹅的生理特点，可采用全价饲料和优质青饲料配合饲喂，育雏期精料和牧草的比例为1:2左右。

②开水　最好使用温水，水质要清洁卫生，可在水中加入5%葡萄糖、0.03%高锰酸钾、1%复合维生素，以缓解运输带来的应激，增强雏鹅的体质。雏鹅刚进舍，不会饮水，应人工训饮。

③开食　在开水后进行，尽早开食，这样有利于提高雏鹅的成活率。喂料时应少喂勤添，随着日龄的增长，可增加青绿饲料的量。

④饲喂　前几天饲喂，可将饲料撒在浅食盘或塑料布上，一般5日龄后改用喂料塔或料槽。青绿饲料可在2～3日龄时喂给，逐步加大比例，应与精料分开饲喂。1周龄前每天饲喂8～10次，其中晚上喂2～3次；2周龄时每天饲喂6～8次，其中晚上喂1～2次；3周龄时每天饲喂5～6次。育雏栏内应放置沙粒盘，保证雏鹅自行按需采食。

（5）雏鹅的管理

①温度　育雏期间应注意保持适宜的温度，若温度过低，雏鹅会聚集、扎堆；若温度过高，雏鹅会向四周扩散，张口呼吸，饮水量增大。温度过低或过高时，都要及时调整温度。在雏鹅出壳后前3天育雏温度应达30℃以上，随着日龄增大，育雏温度逐渐下降，在早春或冬季，21～28日龄可完全脱温；春秋季节，7～10日龄可完全脱温，具体脱温时间视气温变化灵活掌握。

②光照　育雏第1周给予24小时光照，1周后逐渐减少光照时间，20日龄左右可完全利用自然光照。

③通风换气　鹅舍中应注意通风换气，保持地面和垫料干燥、卫生，及时排除有害气体，保持空气流通。

④分群饲养　刚出壳的雏鹅应按照体质强弱分群饲养。及时剔出弱雏，单独饲喂。分群饲养配合精心管理，雏鹅育雏期的成

活率会大大提高。

⑤饲养密度　饲养密度过低，育雏舍的利用率降低，生产成本增大；饲养密度过高，雏鹅易出现挤压、运动不良、残次率增高等问题。随着雏鹅日龄和体重的增长，活动面积应扩大，饲养密度逐渐降低。通常每平方米饲养1～5日龄雏鹅25只左右，6～10日龄雏鹅20只左右，11～15日龄雏鹅15只左右，16～20日龄10只左右。

⑥免疫与消毒　雏鹅应严格按照免疫程序进行免疫。做好鹅舍的卫生和消毒工作，经常打扫场地、及时更换垫料、清洗料槽和水槽，消毒育雏环境等。若鹅群发病，及时隔离治疗，做好焚烧、深埋等无害化处理，防止疫病蔓延。

⑦放牧　雏鹅应适时放牧，在气温适宜的季节，雏鹅放养在嫩草地上，自由采食青草。随着雏鹅日龄增加，逐渐延长室外放牧活动的时间。

2. 育成期饲养管理　育成期是指育雏结束到转入育肥阶段时，育成期的鹅又称为生长鹅、青年鹅、中鹅等。

（1）育成期鹅的特点　处于育成期阶段鹅的主要特点为消化道体积增大，消化能力和对外界环境的适应能力及抵抗力大大增强，骨骼、肌肉和羽毛生长速度最快，能采食大量青绿饲料，这时应多饲喂青绿饲料或放牧饲养。

（2）育成期饲养管理要点

①饲养方式　育成期肉鹅饲养方式可分为放牧饲养、放牧与舍饲相结合、半舍饲圈养等方式。我国农村散养和养殖专业户大都采用放牧饲养，节省饲料成本；若放牧饲养不能满足肉鹅的营养需求，就需要补充精饲料，采用放牧与舍饲相结合的方式。随着养鹅业规模化、集约化发展，传统饲养方式已不能适应，需要采用半舍饲圈养方式，这也是养鹅业现代化的重要标志。

②放牧地的选择及合理利用　一是尽量选择牧草丰富的地方，可提高单位面积载鹅量，将草地分为若干小区，实行轮牧，

合理利用牧草资源；二是选择牧草种类丰富的草地，尤其是豆科、禾本科、菊科等牧草要丰富，有利于肉鹅摄取各类营养成分；三是放牧场地附近最好有水塘、河流等水源，能提供清洁的饮水和清洗羽毛；四是放牧地附近最好有建造的简易棚舍，以供鹅群遮阳或避风雨；五是放牧地要远离疫病区、工业区、污染区等，利于鹅的健康生长。

③放牧饲养管理　育成期的关键是抓好放牧，适时放牧与放水相结合。根据放牧条件、放牧员的水平和经验确定放牧群的大小，一般 200～500 只鹅编一个群，1～2 个人放牧。编群时还要根据鹅的批次、生长情况进行，以免出现大欺小、强欺弱，影响个体发育。育成期鹅的放牧时间随日龄增加而延长，直至全天放牧。初次放牧时间不宜过长，每天上午、下午各放 1 次，气温较高时早放晚归，气温较低时减少放牧时间，注意避暑、避雨，防止鹅群中暑、受凉。随着鹅群日龄的增大，可增加放牧时间。放牧鹅群食草速度减慢时，可赶入水中，让其自由嬉戏、饮水，鹅群自由游走时可将其赶上岸。经过有规律的放牧、放水饲养 1 周，鹅就能建立起条件反射，为后续放牧采食习惯的确立奠定基础。

④做好卫生、防疫工作　育成期的鹅群应有计划地进行免疫接种，如小鹅瘟、禽流感、禽霍乱等；每天清洗料槽、水槽，定期更换垫料，定期消毒，搞好舍内外卫生；做好防鼠、防兽害、驱虫等工作。

⑤半舍饲圈养饲养管理　半舍饲是舍内采用地面或网上平养，日粮以青绿饲料为主，精饲料为辅，精粗饲料合理搭配；舍外提供陆地运动场和水面运动场，使鹅能充分运动，增强体质。运动场内需要放置沙粒，以供鹅群采食，增加其消化能力。

（3）适时转群、出栏　育成鹅到 60～70 日龄时，一般可以达到理想的体重，这时可将育成鹅转入育肥舍进行短期育肥后上市；若作为种用，可将其转为后备种鹅，继续饲养。

3. 育肥期饲养管理　育成鹅上市前需要经过一个短期育肥期，一般为 10～15 天。育肥阶段应充分饲喂，满足鹅营养需要。

（1）**育肥前准备**　育肥的肉鹅要健壮无病、精神活泼、善于觅食，日龄为 60～70 日龄以上的育成鹅。育肥时应将大群鹅分成小群饲养，分群原则：将体形大小和采食能力相近的公母鹅混群，分成强、中、弱群，然后根据实际情况采取相应技术措施，缩小群体之间的差异，使全群达到最高生产性能，一次性出栏。

（2）**育肥方法**　根据采食方式分为两类：自由采食育肥法和填饲育肥法。

自由采食育肥法包括放牧补饲育肥、舍饲育肥，放牧补饲育肥法是最经济的育肥方法，我国农村多采用此法育肥；舍饲育肥法管理方便、使用单一能量或以能量饲料为主的配合饲料育肥，效果好。

填饲育肥法包括手工填饲育肥法和机器填饲育肥法。

（3）**育肥期的饲养管理**　无论是舍饲还是填饲育肥，都要适当降低鹅群饲养密度，限制鹅群活动，保持安静，控制光照。保持清洁饮水，每天清洗料槽、水槽，定期消毒，搞好舍内外卫生。

（4）**育肥标准**　育肥后的鹅根据翼下体躯两侧的皮下脂肪，可将育肥膘情分为 3 个等级：上等肥度鹅、中等肥度鹅、下等肥度鹅，当育肥鹅达到中上肥度时就可以上市。

二、种鹅的饲养管理

（一）种鹅的选留

为选择培育出健壮高产种鹅，后备种鹅应经过 3 次选择，将符合品种体貌的特征、生长良好的个体留作种用。

第 1 次选择是在育雏期结束时进行。公鹅选择体重大的，母鹅选择体重中等的，淘汰有伤残、体重小、羽毛有杂色的个体。

第 2 次选择是在 70～80 日龄进行，根据体尺体重、体形外貌、羽毛生长等特征进行选择，淘汰有伤残、体形小、生长慢的个体。

第 3 次选择是在 170～180 日龄进行，选择生长发育好、具有品种特征、符合品种要求、健康状况良好的个体留作种用。公鹅要求体形大，体质强健，肥瘦适中，眼灵活有神，腿粗壮有力，雄性特征明显；母鹅要求体重中等，体形长而宽，臀部宽广、丰满，腿结实、间距宽。选留后的公母配种比例为：大型鹅 1∶3，中型鹅 1∶3.5～4，小型鹅 1∶4～5。

（二）后备种鹅的饲养管理

后备种鹅可分为 3 个阶段进行饲养管理。

第一阶段（60 或 70 日龄～90 或 100 日龄）：这一阶段主要采用放牧为主、精料补充为辅的饲养方式，促进后备种鹅的生长发育，完成其第一次换羽。

第二阶段（90 或 100 日龄～150 日龄）：这一阶段要进行限制饲养，方法有两种：一是减少补饲日粮的量，定量饲喂；二是降低日粮的营养水平。公母鹅要分开饲养，这样可以满足公母鹅不同的饲养管理要求，防止早熟、早配以及公母鹅争料现象。通过限制饲养和公母鹅分开饲养，种鹅能适时开产，整齐一致地进入产蛋期。

第三阶段（150 日龄至开产或配种）：这一阶段逐渐增加精料的量，恢复鹅的体力，促进生殖器官发育。公鹅的补饲比母鹅早，这可促进其提早换羽，在母鹅开产前便可蓄积充沛的精力和性欲。做好防疫工作，尽早完成禽流感、副黏病毒、小鹅瘟等疫病的免疫接种工作，提高鹅的抵抗力。

（三）种鹅产蛋前的饲养管理

1. 饲喂全价配合饲料　后备种鹅主要以放牧饲养为主，体质较差，这时应逐步改为舍饲为主，增加日粮补饲量，使种鹅体质迅速恢复，积累丰富的营养物质。

2. 补充人工光照　光照分为自然光照和人工光照2种。光照能促进种鹅生殖器官的发育成熟，对种鹅的繁殖力影响较大。光照适当，能提高鹅的产蛋量和种蛋受精率。临近产蛋时，延长光照时间能刺激母鹅适时开产；缩短光照能推迟母鹅开产时间。鹅群在不同生长阶段，应制定不同的光照方案：育雏期时，0～7日龄一般提供24小时光照时间，8日龄后光照逐步过渡到利用自然光照；育成期利用自然光照；产蛋前期光照时间逐步增加至16小时左右；产蛋期的光照时间为16小时左右，一直到产蛋结束。

3. 保证适宜的公母配比　小型鹅公母配比为1:6～7，中型鹅公母配比为1:4～5，大型鹅公母配比为1:3。

4. 做好饲养管理　日粮的补饲应逐渐增加，不宜增加过快，一般用4周左右的时间逐步过渡到自由采食，否则会引起母鹅早产蛋，影响到后期产蛋和种蛋受精。若采用舍饲，应适度补充粗饲料；若采用放牧方式，则放牧时间应缩短，让种鹅有较多时间下水洗浴、嬉戏。

（四）产蛋期的饲养管理

1. 产蛋鹅的日粮配合　饲料中粗蛋白质含量为16%～18%，代谢能11.3～11.7兆焦/千克。喂料要定时定量，精饲料饲喂量，中小型鹅种每只每天为120～200克，大型鹅种每只每天为250～300克，分3～4次饲喂；青饲料不定量，可自由采食。

2. 舍饲为主，适当补充青粗饲料　产蛋期的种鹅以舍饲为主，饲喂后到运动场运动、游泳，早晚各游泳1次，有利于种蛋受精率的提高。

3. 训练母鹅窝内产蛋，及时收集种蛋　母鹅有择窝产蛋习惯，鹅舍中应设置产蛋箱，要有意识训练母鹅在固定地方产蛋。

母鹅产蛋时间大多数在早晨，放牧前要检查鹅群，观察产蛋情况。如发现个别母鹅鸣叫不安、腹部饱满、泄殖腔膨大，应检查母鹅，若有蛋应留在舍内产蛋。及时收集种蛋，注意种蛋保存。

4. 补充光照　产蛋鹅要注意补充光照，适宜光照时间一般为 12～14 小时，适当增加光照时间可提高母鹅的产蛋量。光照制度应根据地区和品种进行制定。

5. 保持舍内卫生清洁　每天清理鹅舍内务卫生，垫料保持干燥清洁。

6. 保证公母鹅配比　公母鹅对日粮营养需要有差异，公鹅采用悬吊式料桶采食，母鹅采用饲槽上加隔条采食。种鹅的公母配种比例以 1∶4～6 为宜，一般母鹅配比大型鹅品种可低些，小型鹅品种可高些；冬季可低些，春季可高些。选择阴茎发育好、精液品质优良的公鹅作为种用。

（五）休产期的饲养管理

1. 强制换羽　鹅群产蛋期结束，日粮由精改粗，以放牧为主，目的是促使母鹅消耗体内脂肪，促使羽毛干枯，容易脱落。喂料次数逐渐减少到每天 1 次或隔天 1 次，然后改为 3～4 天 1次。停止喂料期间，鹅群应保持充足饮水。经过 12～13 天后，鹅体重减轻，主翼羽和主尾羽出现干枯，则恢复喂料。放养 1 个月后，体重逐渐回升，便可人工拔羽。公鹅比母鹅早 20～30 天拔羽，到配种季节公鹅便有充足的精力。拔羽的母鹅比自然换羽的母鹅早 20～30 天产蛋。

2. 自然换羽　北方地区某些产蛋量较高的地方品种，如豁眼鹅，管理条件好的产蛋能从 2 月份一直延续到 12 月份，有边换羽边产蛋和全年产蛋的说法。若进行强制换羽，反而会影响其产蛋量。对于北方地区的高产品种，若在 10 月份之前被迫停产，可将饲料中的营养水平降下来，让其自然换羽；若种鹅停产较晚，饲料的营养水平也不要降得过低，以使种鹅能顺利过冬。

三、反季节种鹅生产

鹅的繁殖性能较差，即使繁殖性较好的品种年产蛋量也仅有 100 枚左右，大多数鹅种仅产几十枚。鹅的繁殖有明显的季节性，北方地区种鹅的繁殖期为每年的 2～7 月份；南方地区为每年的 9～10 月份到翌年 5 月份。这导致种鹅的利用率低，饲养成本高，鹅产品供应不均衡。延长种鹅的繁殖期，是种鹅反季节生产要解决的关键问题，目前这一技术已在国内推广应用。

（一）种鹅反季节生产的优点

种鹅反季节生产克服了种鹅繁殖的季节性，使雏鹅和肉鹅全年均能供应市场。反季节肉鹅上市后，羽绒质量好、需求量大。反季节生产能够利用夏季温度高的特点，充分减少育雏能耗，提高雏鹅成活率，同时充分利用水草丰茂季节的饲草资源，发展养鹅，降低养鹅成本。反季节种鹅繁殖的肉鹅可全年均衡生产，利于鹅产品加工销售，获得良好的经济收益。

（二）种鹅反季节生产的关键技术

1. 遮黑鹅舍 鹅的反季节生产，鹅舍遮黑是关键。鹅舍设计可以采用砖瓦结构或钢架结构，南北墙留有窗户，采用卷帘或黑色塑料薄膜遮挡并保证遮黑效果。陆地运动场一般是鹅舍宽度的 4～5 倍，为种鹅提供充足的运动空间；水面运动场可以满足种鹅采食、戏水、栖息和交配的需要，同时也能增加运动量。

2. 控制光照 光照对种鹅繁殖性能影响很大，延长光照能促进母鹅产蛋，光照不足会导致鹅繁殖性能降低。根据鹅自然季节性繁殖特点，一般鹅在冬春季节产蛋，鹅产蛋期的最佳光照时间（自然光照＋人工光照）为每日 12 小时，一直保持到产蛋结束。光照时间不能过长，否则会影响产蛋率和受精率。若光照时间超过 14 小时，会出现产蛋停止和就巢现象。

补充光照应在开产前 1 个月进行。小型鹅 28 周龄开始补充光照，大型鹅 31 周龄开始补充光照。光照时间在育成期 8 小时基础上，每天增加 20 分钟，直至 12 小时。

3. 满足种鹅的营养需要 制订合理的日粮配合方案，加强营养调控也是保障反季节鹅繁殖的基础。日粮中应含有合理的蛋白质、矿物质、维生素等，还要饲喂青饲料，以满足种鹅的营养需要。

4. 人工强制换羽，控制产蛋期 该技术主要通过控制饲喂水平、改变光照、人工拔主翼羽等措施实行人工强制换羽，使种鹅短期停产换羽进入下一个产蛋期，改变鹅群开产时间，使产蛋高峰集中在理想时间内。

5. 减少应激 反季节生产技术改变了鹅的生活环境和节奏，使鹅的生理状态、外观和行为等也发生了相应的变化。因此，一定要为鹅群提供适宜的生长环境、适宜的生长密度等，避免给鹅群造成应激。

（三）种公鹅的管理

反季节繁殖技术要使母鹅在夏季多产蛋，且种蛋受精率要高，因此，选好种鹅是非常关键的。公鹅的选择比母鹅困难，选择公鹅时既要考虑体形外貌特征，又进行生殖器官检查，选择发育良好、精液品种好的公鹅。

反季节繁殖技术在舍饲条件下进行，鹅的育雏期、育成期和产蛋期要严格执行鹅舍遮黑、光照控制、限制饲喂和人工强制换羽方案。我国南方的养鹅场，育雏期、育成期一直采用露天放牧或敞棚散养，自然光照对鹅群影响大，再加上品种缺乏系统选育和圈养训练，生产中技术执行不严或不准确，夏季降温措施不利等，常导致反季节繁殖技术失败。反季节繁殖技术是一个环环相扣的科学程序，忽略任何一个环节，都不会产生理想的生产效果。

四、种草养鹅

种草养鹅是目前我国养鹅业的重要饲养模式。不同地区结合实际，发展了一系列适合本地生产的种草养鹅模式，如林间隙地种草养鹅、冬闲田套种牧草养鹅等生态养殖模式。通过种植优良牧草饲养肉鹅，能克服天然牧草产量低、营养缺乏、四季供应不平衡等缺点，为鹅群提供丰营养均衡的优质饲草，使规模化养鹅和四季养鹅成为可能；牧草的生长对土壤要求不高，可充分利用低值土地和闲置土地进行种植。种草养鹅优点多，如成本低、投资小、周期短、收益高等，适宜推广。

（一）选择合适牧草

种草养鹅要因地制宜，种植合适的牧草。一是因地制宜，选择草种。如丘陵地区，可选择对野生牧草改良；在稻麦接茬的粮田，可推广种植多花黑麦草，生长快，结实迟，产量高。二是种植搭配合理的牧草。将柔嫩多汁叶菜类和禾草结合，以叶菜类为主，如籽粒苋、苦荬菜、菊苣等，可搭配种植谷稗、御谷、黑麦草等。三是适时播种，施足肥料，尤其要追施氮肥。四是合理刈割，严禁草地放牧。及时刈割，保证牧草的鲜嫩，刈割时要留茬5厘米左右，利于再生长。草地中不能放牧，以免造成牧草的浪费。五是衔接茬口，全年供青。例如，油菜、小麦茬口衔接可播种玉米、杂交狼尾草、稗草等；在黑麦草断档期或换茬期，可搭配种植蔬菜类品种。

（二）常见牧草种植搭配

1. 籽粒苋＋苦荬菜＋谷稗 这种搭配在养鹅中最常见，可在全国推广种植，春夏秋三季播种，全年供青。

2. 苦荬菜＋谷稗（或御谷） 这种搭配在北方寒冷地区常

见。种植面积比一般为 5∶3，饲喂的鲜重比为 5∶3，每亩草地可养鹅 120～150 只。

3. 菊苣（或鲁梅克斯）＋谷稗（或御谷） 菊苣多在南方种植，鲁梅克斯抗寒性强，适于北方栽培。种植面积比一般为 1∶1，饲喂的鲜重比为 2∶1，每亩可养鹅 200 只左右。

4. 菊苣＋苦荬菜 菊苣在 7～8 月份生长缓慢，苦荬菜却生长最旺盛，两种牧草可兼种互补，每亩草地可养鹅 300 只左右。

5. 苦荬菜＋黑麦草 苦荬菜每年 5～9 月份供草，黑麦草 10 月份至翌年 5 月份刈割，两者轮作可常年供青，一般每亩地可养肉鹅 150 只左右。

（三）养鹅模式

1. 田间种草养鹅 主要包括稻麦套种和冬闲田种草 2 种模式。稻麦套种模式是稻套麦，饲养方式是散养轮放。1 亩田可养殖肉鹅 50 只左右，鹅粪肥沃了土壤，对稻麦种植影响不大。

冬闲田种草养鹅较常见，主播黑麦草，混播少量豆科牧草如白三叶、紫云英等。根据黑麦草的长势可分期养鹅，如 2 月上旬先购进第一批雏鹅，每亩田地 50 只左右；3 月上旬，第一批鹅转到室外，以黑麦草为主要饲料，然后购进第二批雏鹅，每亩田地 100 只左右；4 月份到达黑麦草生长旺盛期，可满足第一、第二批鹅的食草量；5 月初，黑麦草产量有所下降，但第一批鹅已上市；5 月下旬，第二批鹅上市。

2. 田地间种草养鹅 包括小麦预留行中套作和玉米地种草养鹅 2 种模式。前者一般在 9 月上旬至 10 月上旬播种多花黑麦草，刈割利用。后者利用玉米生长后期良好的田间温度和湿度，使牧草早播种、早利用、多养鹅。

3. 林下种草养鹅 该模式多选用黑麦草、三叶草、苜蓿、鲁梅克斯等。在园中建水池，保证水质。鹅舍建在林园附近，远离居民区，从而减少了疾病传播。鹅在园林觅食，减少了害虫对林木的危害。

（四）牧草播种

1. 1年生（季节性）牧草 季节性种草是根据牧草生长规律和动物营养需求提出的，秋季品种有1年生黑麦草、东牧70黑麦、紫云英、白三叶等。春季品种主要有墨西哥玉米、饲用玉米等。一般利用秋冬空闲田土进行种植。

2. 多年生牧草 主要包括禾本科的多年生黑麦草，豆科的紫花苜蓿、白三叶等。一般选择在秋季播种。一般采用禾本科和豆科进行混播。

（五）牧草田间管理

牧草种植后要及时补播、补苗，保证90%以上的牧草成活率，做好除杂、松土、追肥等工作。

1. 防除杂草 首先防止杂草侵入田间，保证牧草种子的品质和纯净度，选好播种材料，铲除非耕地上的杂草等。其次加强田间防除措施，以"除早、除小、除了"的原则进行人工拔除或机械铲除杂草。最后化学除莠，采用除草剂除杂，节省劳力，提高生产率。

2. 追肥 在牧草生长旺盛及刈割利用期间，对钾、磷、氮等成分需求大，一旦供应不足，易造成牧草产量和质量的下降，应适时对牧草追肥，以保证其品质和高产利用。

3. 低温凝冻灾后管理 牧草地发生低温凝冻灾害后，及时做好灾后草地的田间管理工作。一是化雪后及时清沟排水，减少积冰和积水；二是及时刈割清除受冻牧草的冻叶；三是牧草受冻后应及时补充养分，适当施肥；四是冰雪融化后，可在牧草地中撒施草木灰或谷壳，保温防冻。五是发现缺苗，待地温回升时及时补种。

4. 防治病虫害 对草地危害较大的病虫害有锈病、白粉病和蚜虫、黏虫等，可采用化学和生物手段进行综合防控。

5. 刈割牧草　坚持割草喂鹅，提高单位面积载鹅量，适时刈割，适度留茬，以利再生。刈割牧草要根据鹅的日龄及牧草生长情况而定，一般豆科多在初花期刈割，禾本科多在拔节前刈割。刈割的牧草经过铡切、粉碎和揉搓，其适口性和利用率大大提高；若经过青贮、微贮、氨化等处理，其营养价值可提高 20% 以上，利用率提高 40%；经粉碎、混合、配合、制粒、膨化等处理，其利用率和营养价值可提高 50% 以上。

第六章
鹅肥肝生产技术

一、鹅肥肝的价值

鹅肥肝是通过人工填饲方法获得的一种脂肪含量特别高的肝脏，实际上就是脂肪肝。对体成熟基本完成的鹅，用人工强制育肥的方法饲喂超额的高能粮饲料，让多余的营养转化成脂肪，并在短时间内贮积于肝脏中从而形成比正常鹅肝脏大几倍至十几倍的特大脂肪肝。

鹅肥肝在重量、质量方面与正常的肝脏有很大区别。一般普通的鹅肝重 50～100 克，但鹅肥肝可重达 500～900 克，最大者可达 1 800 克；普通鹅的肝脏呈暗红色，而鹅肥肝因沉淀较多的脂肪而呈淡黄色或浅粉色；普通鹅肝脏水分较高、脂肪较低，而肥肝脂肪含量则大幅度提高、水分相对减少。

肥肝的脂肪大多是对人体有益的不饱和脂肪酸，营养价值极高，能降低人体血液中的胆固醇水平，减少胆固醇类物质在血管壁上的沉积，减轻与延缓动脉粥样硬化的形成，有益健康。肥肝中的亚油酸属必需脂肪酸，人体内不能合成，只能从食物中摄取。肥肝中的色氨酸、蛋氨酸、缬氨酸等必需氨基酸水平都明显提高。另外，肥肝中还含有较丰富的卵磷脂、甘油三酯及多种维生素，都是人体生长发育所必需的营养物质。

二、鹅肥肝生产技术

（一）肥肝鹅品种选择

品种是影响肥肝生产的首要因素，不同品种的鹅生产肥肝的性能差异较大。一般而言，肉用性能越好、体形越大的鹅种肥肝越重；小型鹅种的肥肝也较小。国外出名鹅种的肥肝平均重为：图卢兹鹅1 200克、朗德鹅750克、热尔鹅684克、莱茵鹅276克；我国鹅种资源丰富，除太湖鹅、豁眼鹅2个小型品种外，很多鹅种均有很好的肥肝生产性能，国内鹅种平均肥肝重分别为：狮头鹅538克、溆浦额489克、永康鹅325克、四川白鹅344克。肥肝的质量也与品种有关，图卢兹鹅的肥肝偏软，煮熟后脂肪会流出来，肥肝会缩小；朗德鹅、莱茵鹅肥肝质量较好些；我国鹅的肥肝充实而有弹性，质量较好。

在实践中，为提高肥肝的生产能力，通常采用杂种鹅生产肥肝。一般将肥肝生产性能好的大型鹅种作为父本、繁殖率高的鹅种作为母本，进行杂交，利用杂种一代生产肥肝。这样既增加了后代的数量和肥肝产量，又增强了适应性、抗病能力。例如：利用朗德鹅或狮头鹅作为父本，与产蛋量较多的太湖鹅、四川白鹅、五龙鹅作为母本杂交，产生具有杂交优势的杂交一代。

（二）鹅肥肝填饲技术

肥肝用鹅的前期培育，一定要加大放牧和粗饲力度，锻炼鹅的体质和消化能力，基本达到体成熟后，即转入肥肝填饲期。肥肝鹅填饲一般可分为预饲期和填饲期两个阶段。对采用全价颗粒饲料饲喂、营养比较平衡并经放牧锻炼的鹅，一般可不经预饲期而直接转入填饲期；对采用放牧为主、适当补饲、营养水平较低的鹅，则必须安排预饲期。

1. 预饲期　鹅从放牧饲养转为强制填饲，在饲养管理上发生了巨大变化，这一过程需要逐步完成。通过安排预饲期，使肥肝鹅逐步适应新的饲养管理方式。预饲期一般为2～3周，时间长短应根据肥肝鹅的品种大小、体重情况、营养水平、日龄大小和生长均匀度等因素灵活掌握。鹅群整齐度高、体况较好其预饲期可短些；反之则延长。

（1）预饲鹅的选择　填饲用的鹅均要经过严格的选择才能进入预饲期，要求达到体成熟，体质健壮，生活力强，无伤残；并按鹅的来源、性别分圈饲养，每圈的鹅体重要接近。

（2）预饲期日粮　一般情况下，预饲期开始饲喂一些常规饲料，并逐渐增加玉米碎粒，向玉米含量高的饲料过度，至玉米含量占70%。预饲期内青绿饲料不限量。

（3）预饲期的饲养管理　我国的肉用仔鹅多数以放牧为主，进入预饲期后，应逐步减少放牧、放水的时间和次数，到预饲期结束前3天停止放牧、放水，转为全舍饲，以适应填饲期的饲养。预饲期每日饲喂3次，可分别在8时、14时、19时进行，自由采食，除放牧采食青料外，还可补饲精料，使鹅的消化道容积逐渐膨大。预饲前圈舍应清洁和消毒，饲养密度以每平方米2只、每圈不超过20只为宜。预饲开始时进行防疫和驱虫，根据具体情况注射禽霍乱等疫苗，以增强鹅的抵抗力；驱虫可用丙硫苯咪唑。

2. 填饲期　是鹅肥肝生产中的关键环节，主要以玉米为主料，使用电动填饲机强制鹅采食过量的高能量饲料，在较短的时间内使其肝脏沉积大量脂肪。一般填饲3～4周就可以生产出大肥肝，具体时间应根据填饲鹅的成熟程度而定。填饲期的长短与品种、个体间消化能力差异、填饲量等有关。小型鹅种填饲期稍短，大型鹅种的填饲期较长。由于鹅的个体差异，成熟时间不同，不能确定一个统一的屠宰期，应做到成熟一批、屠宰一批。因脂肪大量沉积和脂肪肝的形成，肥育成熟的填饲鹅表现为体态肥胖，腹部下垂，两眼无神，精神萎靡，呼吸急促，行动迟缓，步态蹒跚，甚至瘫痪，出现积食和腹泻等消化不良症状，此时应及时屠宰取肝。

（1）饲料原料及加工调制

①饲料原料　目前，国内外肥肝生产广泛使用优质玉米作为饲料。肥肝的主要成分是脂肪，脂肪主要由具有高能量的饲料转化而来，需要高能饲料作为生产肥肝的饲料。玉米中不仅含有大量的碳水化合物，而且胆碱和磷的含量较麦类低，是低蛋白高能饲料。胆碱有助于将肝脏中脂肪转移出去，是保护肝脏的物质；而玉米中胆碱含量低，对肝脏的保护性差，大量填饲玉米后，容易在肝脏内迅速沉积脂肪，形成肥肝。玉米粒料比玉米粉料的填饲效果好。玉米粉碎后，粒间空隙多，体积大，干粉料不易填入，而湿料含水分多影响填饲量，玉米粒料填饲量则多于玉米粉料。以优质无霉的陈玉米填饲最好，除含水量低外，价格也相对便宜。玉米的色泽对肥肝的颜色也有影响，用黄玉米或红玉米填饲成的鹅肥肝色泽较深，而用白玉米填饲成的肥肝色泽较淡。

一般情况下，常在玉米粒料中添加食盐、维生素、油脂等增加适口性和提高生产性能。食盐不仅可以提高适口性，增加食盐，而且对肝重有明显的增加作用；食盐含量不能过高，否则会引起中毒，一般添加量在 0.5%～1.5%。添加油脂既可以提高能量水平，又可以起润滑填饲机的管道和鹅食道，减少填饲对食道的损伤，一般添加量在 1%～2%。气温高用动物油（如猪油），气温低改用植物油。添加维生素可以减少应激，促进代谢。

②饲料的加工方法　填饲玉米的调制主要有水煮玉米粒调制法、炒玉米粒调制法等。

水煮玉米粒调制：此法源自法国西南部。先将玉米淘洗后倒入沸水锅内，水面浸过玉米 10～15 厘米，煮沸 5～10 分钟后，捞出沥干。然后趁热加入占玉米量 0.3%～1% 的食盐和 1%～2% 的动（植）物油脂，每 100 千克玉米加入 10～20 克复合维生素，还可拌入适量微量元素添加剂，充分拌匀，凉后供填饲使用。

炒玉米粒调制：此法是四川西昌地区常用的传统调制法。将玉米粒倒入铁锅中，用文火不断翻炒至八成熟，切忌炒焦，炒完后装袋备用。填饲前用温水将炒过的玉米粒浸泡 1～1.5 小时，以玉米粒表皮展开为宜，沥干后加入 0.5%～1% 的食盐、复合维生素等，拌匀后填饲。

（2）**填饲方法** 一般采用机器填饲，填饲方法随填饲机的型号不同而有差异。在填饲前，用食用油涂抹填饲管，使其润滑便于操作。一般成年鹅填饲的具体操作方法是：填饲时，填料人左手抓住鹅头，用食指和大拇指挤压鹅喙的基部，将鹅口掰开；右手拇指压住舌根向外牵引，把舌拉出并固定住，然后将口腔移向喂料管，使上腭紧贴填饲管的管壁，慢慢将填饲管插入食道膨大部，食道和填饲管要在一条直线上，保持鹅颈伸直；用左手握住喙，右手握住填料管的膨大部；踏动开关，使玉米粒进入鹅食道，将鹅逐渐向后移，让填饲管逐渐抽出，直到填到距喉 4～5 厘米时，关闭填料机开关，退出填饲管，停止填料。填料完毕后，用左手握住鹅头，右手顺食道方向向下轻轻捋 2～3 次，防止鹅甩料或将玉米粒吸入气管。

填饲开始头 3 天每天填 2 次，以后逐渐增加到 4 次为宜。每日填饲的时间安排在 6 时、12 时、18 时、和 24 时，填料时间应固定，不得随意提前或延后，以免影响肥肝生长。每日填饲量因品种和个体差别较大，国外大型鹅种和我国的狮头鹅的日填饲量为 1～1.5 千克，中型鹅种 0.75～1 千克，小型鹅种 0.5～0.8 千克。

（3）**填饲期的饲养管理** 填饲期应为鹅提供良好、舒适的环境。要保持鹅舍安静，让鹅得到充分休息，以减少能量消耗，鹅舍光线宜暗；鹅舍要保持干燥，做到勤换垫料，圈舍地面平坦，地上无石块等硬物；要供给充足的饮水，填饲期间鹅迫切需要饮水，应多设置饮水器，但在刚填料后 30 分钟内不能让鹅饮水，以减少鹅甩料；保持适宜的饲养密度，鹅舍要围成小栏，每栏养鹅不超过 10 只，饲养密度每平方米 2～3 只为宜；填饲期间要限制肥鹅的活动，禁止下水洗浴，以减少能量消耗，加快脂肪的沉积；另外，驱赶鹅应缓慢，防止相互挤压、碰撞，减少对鹅的惊扰；捕捉时应格外小心，轻提轻放。

（三）屠宰及取肝

填饲结束后，成熟的肥肝鹅要送往食品加工厂集中宰杀取肝。屠宰前 12 小时应停止强制填饲。填肥后的鹅因较长时间超额营养，导致代谢紊乱、肥肝压迫影响呼吸系统功能、体质弱、生活力差，经不住长途和不舒适的运输，装运时须小心谨慎，以免在装运过程中死亡或肥肝淤血。装运的笼子垫草应铺厚一些，汽车运输要平稳行驶，防止颠簸，抓鹅时要双手捧鹅，轻捉轻放。屠宰取肝是肥肝生产的最后一道工序，肥肝的质量受屠宰加工技术的影响也很大，为避免损伤肥肝，获得优质肥肝，整个屠宰加工过程都要保持细心操作。

1. 宰杀 采用颈部放血的方式宰杀。宰杀时，将鹅的双脚垂直倒挂在支架上，头部向下，采用人工割断气管和血管的方式放血。一般放血时间为 5 分钟左右。

2. 浸烫 放完血后立即浸烫。烫毛的水温一般为 $65～70℃$，因鹅的尾脂腺发达，羽毛不容易沾水，鹅体必须在热水中反复翻动，使身体各部位的羽毛都能完全湿透，浸烫时间 3～5 分钟。

3. 脱毛 浸烫到位后的鹅应立即脱毛。脱毛可采用机器脱毛和人工脱毛 2 种，因机器脱毛易损坏肥肝，故一般采用手工拔毛。拔毛时将鹅屠体放在桌上，趁热先将鹅脚部和喙上的表皮捋去，先拔完粗大的毛后再拔细毛，将鹅屠体放入盛满清水的拔毛池中，一边用手拔尽残留鹅屠体上的细毛，一边用水冲洗。手工不易拔尽的纤羽，可用酒精喷灯火焰燎除，最后将鹅屠体清洗干净。将鹅屠体胸腹部向上平放在特制的金属车架上，沥干水分后，推入预冷车间。

4. 预冷 刚脱毛的鹅屠体不能立即取肝，应先进行预冷，预冷的目的是使肥肝脂肪冷却变硬，便于取肝。将装鹅屠体的车架置于冷库 4～10℃预冷 18～24 小时。

5. 剖腹取肝 鹅屠体预冷后，从车架上取下，放在操作台上胸腹部向上进行剖腹取肝，可采用以下 3 种方法。

（1）**横向剖腹法** 沿龙骨后缘横向割开腹部皮脂，左手拉起腹膜，刀刃向上，自左向右割开腹腔，将两侧刀口扩大至两翅基部，把屠体移至操作台边，背腰部紧贴台边的棱角，左手按住双腿及腹部，右手按住胸部，两手同时用力下压，掰开屠体，裸露内脏。

（2）**仿法式剖腹法** 从龙骨后缘横向割开腹部皮肤，再从横向切口的中点沿腹中线向下纵向切开皮肤至泄殖孔，整个切口呈"丁"字形，皮肤切开后，分离皮下脂肪组织，割开腹膜，使肥肝裸露，下刀时不能太猛，以免损伤肝脏。

（3）**开胸取肝法** 用刀从龙骨前端沿龙骨脊左侧向龙骨后端割开皮脂，然后从龙骨后端向泄殖孔处沿腹中线割开皮脂和腹膜；从裸露胸骨处，用外科骨钳或大剪刀从龙骨后端沿龙骨脊向前剪开胸骨，打开胸腔，暴露内脏。

屠体剖开后，用刀将肥肝与其他脏器分离，取肝时应特别小心，注意保持肝体完整，并防止胆囊破裂。如不慎胆囊破裂，应立即用水将肥肝上的胆汁冲洗干净。取下的肝脏要进行适当的修整，用小刀切除附在肝上的神经组织、结缔组织、肝外残存脂肪、肝上的淤血、出血斑和破损的地方。放入 1% 食盐水中浸泡10 分钟，捞出沥干后称重分级。

（四）肥肝保存及包装运输

肥肝的价格以鲜肝为最高，但为了方便长途运输，往往需经冷冻处理成为冻肝，并进行适当包装。冻肝的价格比鲜肝低

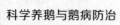
20%～30%。

　　法国是目前世界上最大的肥肝消费国，法国农区生产的新鲜特级肥肝常常直接拿到市场或饭店销售。匈牙利出口的肥肝多采用鲜冻方式，将肥肝分级装盘，塑料盘底铺一层薄冰，冰上再铺一张纸，纸上放肥肝，然后装入冷藏箱中，箱内温度可保持在2～4℃，一般可保鲜72小时。

　　我国生产的鹅肥肝出口尚处在起步阶段，由于长途运输距离较远，批量生产的数量有限，需积累一段时间后才能集中运输，因此采用冷冻后冷藏的方法延长贮藏期。方法是将取下的肥肝逐只装入塑料袋内，平放于铁皮盘中，放置 -28℃的冷库中速冻24小时，然后取出整形，称重分级后装入肥肝袋，再分别按肥肝级别装入特制的瓦楞纸板箱中，捆扎封箱后存放在 -18℃的冷库中，可保存2～3个月。

第七章

鹅羽绒采摘技术

鹅羽绒具有自然脱落和再生的生物学特性。在换羽期，由于鹅体内激素的调节，使羽毛营养供应中断，羽孔中羽根变松，旧羽自然脱落。换羽期绒羽采收技术可对活鹅进行多次采摘，提高养鹅经济效益。

一、羽绒的分类

羽绒是鹅皮肤表皮细胞角质化而形成的。根据形状和结构不同，将鹅体羽主要分为正羽、绒羽、纤羽和半绒羽4种类型。

1. 正羽　又称被羽，是覆盖体表绝大部分的片状羽毛，有大、中、小羽片之分，如翼羽、尾羽以及覆盖在头、颈、躯干各部上的羽毛。正羽由羽轴和羽片两部分组成。

羽轴是羽毛中间较硬而富有弹性的中轴，包括羽茎和羽根两部分。羽茎在羽轴的上端，较尖细，两侧斜生并列的羽片；羽根在羽轴的下端，较粗，基部着生在皮肤内。羽片由羽茎两侧许多平行的羽枝及其羽小枝所构成。近侧羽小枝边缘略卷曲呈锯齿状突起，远侧羽小枝的小钩与另一羽枝的近侧小枝的锯齿状突起相互勾连，形成完整的、富有弹性的羽片。

正羽的保暖性能较差，毛较硬，不能用作衣物的填充料，可用来制作羽毛球、扇子、羽毛粉等。

2. 绒羽 绒羽密生于整个羽毛的内层，被正羽所覆盖，外表见不到，主要分布在鹅体的胸部、腹部和背部。绒羽的羽茎细而短，柔软蓬松的羽枝从羽根部呈放射状生出，构成隔温层起保温作用，羽小枝上没有小钩或者小钩不明显。根据形态、结构的不同，又可将绒羽分为朵绒、伞形绒、毛形绒和部分绒。

朵绒又称纯绒，是绒羽中最好的一种，其羽根或不发达的羽茎呈现为点状绒核，由绒核向四周放射出许多绒丝，形成朵状。伞形绒是未成熟或未长全的朵绒，绒丝尚未散开而呈伞状。毛形绒又称半绒，其羽茎细而柔软，羽枝细密，具有羽小枝，但无钩，梢端呈丝状而零乱，这种绒羽上部绒丝较稀，下部绒丝较密。部分绒是指一个绒核只放射出几根或不多的绒丝，像是绒的一部分，故称部分绒，并不多见。

绒羽具有很好的保温性能，是高级保温填充材料，鹅的绒羽仅次于天鹅绒。

3. 纤羽 纤羽纤细如丝，又称毛羽，所有羽区均有分布。其特点是羽轴较硬，仅在羽轴的顶部有少数羽枝，保温性能差，利用价值低。

4. 半绒羽 半绒羽又称绒型羽，是介于正羽和绒羽之间的一种羽。其特点是羽绒的上部是羽片，下部是绒羽，但绒丝较稀少。

二、适合采收羽绒的鹅品种

通常体形较大的鹅羽绒产量高，白色的鹅绒比有色羽绒价格高，因此应选择体形较大的白色鹅种作为采收羽绒的鹅品种，如我国的皖西白鹅、浙东白鹅和溆浦鹅等，以及引进的莱茵鹅、霍尔多巴吉鹅等。

三、羽绒采摘技术

（一）羽绒采摘时间

采摘鹅羽绒一定要与当地的气候、养鹅的季节相结合，尽可能做到不影响产蛋、配种，尽可能不影响或者少影响鹅的生长发育。每年 5～10 月份是采摘的适宜季节，特别是 6～9 月份，气温高，母鹅进入休产期。试验证明，采摘羽绒后，鹅的新羽长齐需要 40 天左右，采摘羽绒对增重无明显影响，但在产蛋期采摘羽绒会明显影响产蛋量。

后备种鹅和休产期种鹅适宜采摘羽绒。后备种鹅在换羽前进行采摘，此后每隔 50～60 天可采摘 1 次，直到开产前约 40 天停止采摘。种母鹅在一个产蛋年结束后有 4～5 个月的休产期，直至下次开产前 40 天，期间每隔 50～60 天可采摘 1 次。种公鹅在非配种期内均可采摘。一般种鹅的育成期可采摘羽绒 2 次，种母鹅休产期可采摘羽绒 2～3 次，种公鹅一年可采摘羽绒 7～8 次。

肉用仔鹅饲养到 80～90 日龄，即可上市，一般不进行羽绒采摘，因这时产毛量少，含绒量低，并且影响肉用仔鹅屠体的外观品质。但如果当地的饲养条件好，仔鹅上市集中，价格又不高，就可以采摘 1 次或几次羽绒，让仔鹅继续生长，延迟至价格较高时再出售。

（二）采摘羽绒前的准备

1. 鹅体准备　羽绒采摘前，应对鹅群进行抽样检查，如果羽绒毛根已经干枯，用手采摘时容易脱落，说明羽绒已经成熟，适合采摘。检查时，将体质瘦弱、发育不良、体形明显较小的鹅挑出。采摘羽绒前一天晚上要停止喂料和喂水，便于排空粪便，防止采摘羽绒时鹅粪污染；如果鹅群羽绒脏，要在前一天赶鹅群下水洗浴。初次采摘羽绒的鹅可在采摘前灌服10毫升白酒，以缓解疼痛、扩张毛囊。

2. 场地和设备准备 最好选择光线充足的室内或遮阳避风的室外作为采摘羽绒的场所，以免采摘下的鹅绒随风飘失。地面要打扫干净，可铺上一层干净的塑料薄膜，以免污染羽绒。另外，准备好围栏及盛放鹅羽绒的箱子或袋子，还要配备一些凳子、秤、消毒药、药棉等。

（三）鹅体的保定

保定的目的是防止鹅挣扎，可采用以下几种方法：

1. 双腿保定 操作者坐在凳子上，用绳捆住鹅的双脚，鹅头朝向操作者，背置于操作者腿上，用双腿夹住鹅，然后开始采摘羽绒。此方法容易掌握，较为常用。

2. 半站立式保定 操作者坐在凳子上，一手抓住鹅颈上部，使鹅呈站立姿势，用双脚踩住鹅两脚的趾、蹼（也可踩两翅），使鹅体向操作者前倾，然后开始采摘羽绒。此方法比较省力、安全。

3. 卧地式保定 操作者坐在凳子上，右手抓鹅颈，左手抓住鹅两腿，将鹅伏着横放在地面上，左脚踩鹅颈肩交界处，然后采摘羽绒。此方法保定牢靠，但掌握不好，易使鹅受伤。

4. 专人保定 一人专做保定，另一人采摘羽绒。此法操作最为方便，但需较多的人力。

（四）采摘羽绒操作方法及注意事项

1. 采摘羽绒方法 采摘羽绒有羽绒齐摘和羽绒分摘2种方法。

（1）**羽绒齐摘法** 采摘羽绒时，用拇指、食指和中指捏住羽绒的根部往外摘。先从颈的下部、胸的上部开始摘起，从左至右、从胸至腹，一排排紧挨着采摘。采摘时不要贪多，一次摘羽太多容易带下皮肤，采摘片羽时一次 2～3 根为宜，不可垂直往下摘或东拉西扯，以免撕裂皮肤；采摘绒羽时，手指紧贴皮肤，捏住绒朵基部，以免摘断成为飞丝，降低绒羽的质量。采摘完胸腹部的羽绒后，再摘体侧、腿侧和尾根旁的羽绒，采摘完后把鹅从人的两腿下拉到腿上面，左手抓住鹅颈下部，右手再摘鹅颈下部的羽绒，接下来采摘翅膀下的羽绒。这种方法简单易行，但分级困难，影响售价。

（2）羽绒分摘法　这种方法是先采摘羽片，再采摘绒羽。用拇指、食指和中指将鹅体表的羽片轻轻地由上而下全部摘掉，装入专用容器；然后再用拇指和食指平放紧贴鹅的皮肤，自上而下将皮肤上的绒朵轻轻地摘下，放在另一专用容器中。这种方法比较受买卖双方的欢迎，而且对加工业也有利。

2. 采摘羽绒注意事项　采摘羽绒过程中，顺摘和逆摘均可，但以顺摘为主，同时要用力均匀，迅猛快速，尽量避免将鹅皮肤损伤。如果不慎损伤，可用红药水、紫药水或碘酊等消毒药涂抹消毒，并注意改进手法。刚刚摘完羽绒的鹅应轻轻放下，让其自行采食和饮水；在鹅舍内应尽量多铺干净的垫草，保持温暖干燥，以免鹅腹部受潮受凉。另外，摘光羽绒的鹅不能放入未摘羽绒的鹅群中，以免发生"欺生"现象。

四、采摘羽绒鹅的饲养管理

为确保鹅群健康，使其尽早恢复羽被，必须加强饲养管理。

第一，注意观察采摘羽绒鹅的不适反应。采摘羽绒对鹅来说是一个比较大的外界刺激，鹅的精神状态和生理功能均会因此发生一定的变化。特别是第一、二次采摘羽绒的鹅，会出现如精神委顿、活动减少、行走摇晃、胆小怕人、翅膀下垂、食欲减退等，个别鹅会出现体温升高、脱肛等。一般情况下，上述反应经2～3 天便恢复正常，通常不会引起患病或造成死亡。

第二，采摘羽绒后鹅体裸露，舍内要铺以柔软干净的垫草，夏季要防蚊虫叮咬。采摘羽绒后的种公母鹅要分开饲养，停止交配。3 天内不要在强烈阳光下放养，7 天内不要让鹅下水和淋雨，7 天以后，皮肤毛孔已经闭合，就可以让鹅下水游泳，多放牧，多食青草。

第三，饲料中应增加蛋白质的含量，补充微量元素，适当补充精饲料。一般采摘羽绒后第 4 天腹部露白，第 10 天腹部长绒，第 20 天背部长绒，第 25 天腹部绒毛长齐，第 30 天背部羽绒长齐，第 35 天全部复原，所以一般 40 天左右为 1 个羽绒采摘周期，在生产实践中，还需要视羽绒的生长情况确定下次羽绒采摘的具体时间。

五、采摘羽绒的包装与贮存

鹅羽绒是一种高档的轻工业原料，特别是羽绒中的绒朵含量是决定质量和价格的主要依据。平均每 1 000 朵绒朵重仅 1.87 克，遇到微风就会飘散，所以在包装时要做到轻拿轻放。羽绒的包装大多采用双层包装，内层衬厚塑料袋，外套塑料编织袋，包装后分层用绳子扎紧。

如果采摘下的羽绒不能马上出售，应妥善处理，放在干燥、通风的室内贮存。鹅羽绒保温性能好，原羽绒未经消毒处理，如果贮存不当，容易发生结块、虫蛀、霉变等，尤其是白色羽绒，一旦受潮发热，容易变黄，影响羽绒的质量。因此，在贮存期间必须防蛀、防霉、防潮、防热。贮存羽绒的库房要求地势高燥，通风良好，库房内要经常喷洒杀虫剂。平时要经常检查，一旦受潮必须及时晾晒或烘干。

六、羽绒的质量标准

（一）真假鉴别

鸭、鹅等水禽的羽绒品质要比鸡的好，鹅的羽绒要比鸭的好，因此鹅羽绒的售价高，所以在收购时要辨别真假。

鹅羽片末端宽而齐，似切断状（俗称方圆头），羽面光泽柔和，轴管有一簇较密而清晰的羽丝，羽轴粗、羽根软；绒羽疏密均匀，同一绒朵内羽丝长度基本相等，呈半球状，光泽好，弹性强。鸭羽片的末端呈圆且略带尖形，轴管上的羽丝比鹅羽稀疏，羽轴较细，羽根细而硬；绒朵比鹅绒要小、绒丝短，并且含血根较多，含毛形绒、伞形绒多。鸡羽毛五彩斑斓，羽面较窄，上端较细尖，羽轴硬直；鸡绒羽绒丝疏密不均匀，绒丝长度也参差不齐，呈散乱状态，弹性差，用手捏成团松手后绒丝缓慢松开，且难以恢复原状。

（二）感官判定

通过感官判定绒毛的含量、杂质的含量以及是否有虫蛀和霉变等，需要一定的经验。

判定绒羽含量可采用上抛分层法和分拣法。上抛分层是取具有代表性的样品，搓抖除去杂质后向上抛起，由于绒轻羽重，在下落过程中先落的是片羽、后落下的是绒羽。如果羽绒下落速度慢，难分清绒和羽的比例，估计含绒量在20%以上；如果抛起后能听到"唰唰"的响声，下落快，估计含绒量8%～10%。分拣法是取样品搓抖除去杂质后，放在桌面上，将羽片和绒羽分开，目测两者的比例。

判定杂质含量是用搓揉、抖落法将杂质和羽绒分开；判定是否虫蛀要把羽绒摊开，仔细观察有无蛀虫的粪便、羽中有无锯齿状残缺，用手拍羽绒有无较多飞丝等，若都有，说明已被虫蛀；判定是否霉变，要辨别是否有霉味、变色、羽丝脱落、轴管发软、羽面污浊等，如有，说明有霉变。

第八章

鹅病防治

一、禽流感

禽流感是由 A 型流感病毒中引起禽类的一种感染综合征。本病于 1878 年首次发生于意大利。目前，该病已遍布于世界各个养禽的国家和地区。

【病　原】A 型流感病毒属于正黏病毒科、正黏病毒属。病毒粒子的大小为 80～120 纳米，完整的病毒粒子一般呈球形；有囊膜，囊膜的表面有两种不同形状的纤突（糖蛋白），一种是血凝素（HA），另一种是神经氨酸酶（NA）。HA 和 NA 具有型特异性和多变性，在病毒感染过程中发挥着重要作用。HA 是决定病毒致病性的主要抗原，能诱发机体产生具有保护作用的中和抗体和具有抑制血凝作用的抗体，NA 诱发产生的抗体没有病毒中和作用，但能减少病毒的增殖和改变病程。根据不同流感病毒 HA 与 NA 抗原性的不同，HA 可分为 18 个亚型，NA 分为 11 个亚型，HA 与 NA 随机组合，从而构成流感病毒不同的血清亚型。

流感病毒能在鸡胚及其成纤维细胞中增殖，有些毒株也能在家兔、牛及人的细胞中生长。病毒有血凝性，能凝集鸡、火鸡、鸭、鹅、鸽子等禽类以及某些哺乳动物的红细胞，因此实验室中常利用血凝－血凝抑制试验来检测、鉴定病毒。

病毒对热敏感，56℃作用 30 分钟、72℃作用 2 分钟可灭活；

乙醚、氯仿、丙酮等有机溶剂能使之破坏；对含碘消毒剂、次氯酸钠、氢氧化钠等消毒剂敏感；对低温抵抗力强，如在 –70℃可存活 2 年，粪便中的病毒在 4℃条件下可 1 个月不失活。

【流行病学】 鸡、火鸡对流感病毒的易感性最强，其次是野鸡、珠鸡、孔雀、鸭、鹅、鸽子、鹧鸪、鹌鹑、麻雀等也能感染。

病毒能从病禽或带毒禽的呼吸道、眼结膜及粪便中排出，污染空气、饲料、饮水、器具、地面、笼具等。易感禽类通过呼吸、饮食及与病禽接触等均可以感染该病毒，造成发病。哺乳动物、昆虫、运输车辆等也可以机械性传播该病。

该病一年四季均能发生，以冬春季节多发，尤其以秋冬、冬春季节交替时发病最为严重。气候干燥、温度过低、忽冷忽热、通风不良、通风量过大、寒流、大风、雾霾、拥挤、营养不良等因素均可促进该病的发生。

【症　状】 该病的潜伏期较短，多为 4～5 天。感染病毒后病鹅表现出的症状也因病鹅种类、日龄及病毒毒力不同而不同。根据病鹅表现出的症状不同，可将鹅流感分为 2 种类型，高致病性鹅流感和低致病性鹅流感。

1. 高致病性禽流感　主要由高致病性鹅流感毒株引起，如 H5N1、H5N2、H5N5、H5N6、H5N8 等。病鹅不出现前驱症状，发病后迅速死亡，死亡率可达 90%～100%。发病稍慢的出现精神沉郁，采食量急剧下降，体温升高，呼吸困难；病鹅排黄白色、黄绿色、绿色稀粪；头、颈出现水肿，腿部皮肤出血，后期出现神经症状，表现为扭头、转圈、歪头、斜头等。产蛋鹅出现产蛋率急剧下降。

2. 低致病性禽流感　主要由低致病性禽流感毒引起，如 H9N2、H7N9。病鹅突然发病，体温升高，达 42℃以上，精神委顿，嗜睡，眼睛半闭，采食量急剧下降。随着病情的发展，病鹅出现呼吸道症状，主要表现为呼吸困难、伸颈张口喘气、咳嗽、甩头，眼肿胀、流泪，初期流浆液性带泡沫的眼泪，后期流黄白色脓性液体。有的出现神经症状，表现为运动失调、头颈后仰、抽搐、瘫痪等。产蛋鹅感染后出现产蛋率下降，1～2周内产蛋率降至5%～10%，严重的甚至停产。蛋的质量下降，软壳蛋、砂壳蛋等增多，持续1～2月后产蛋率逐渐回升，但恢复不到原来的水平。种鹅感染后，种蛋的受精率下降，孵化过程中死胚增多，出壳后的雏鹅弱雏较多，1～10日龄内的雏鹅死亡率较高，剖检卵黄吸收不良，且易继发大肠杆菌和鸭疫里默氏杆菌感染。

【病理变化】

1. 高致病性禽流感 主要以全身的浆膜、黏膜出血为主。表现为喉头、气管、肺脏出血；心冠脂肪、心内膜、心外膜有出血点，心肌纤维有黄白色条纹状坏死；胸、腹部脂肪有出血点；腺胃乳头出血，腺胃与肌胃交界处、肌胃角质膜下出血；胰腺有黄白色坏死斑点、出血或液化；十二指肠、盲肠扁桃体出血等。产蛋鹅卵泡变形、出血、破裂，卵黄散落到腹腔中，形成卵黄性腹膜炎。输卵管黏膜充血、出血、水肿，管腔内有浆液性、黏液性或干酪样物渗出。

2. 低致病性禽流感 喉头、气管环出血，肺脏出血；胰腺液化、出血；产蛋鹅卵泡变形、出血，严重者卵泡破裂，形成卵黄性腹膜炎。输卵管黏膜水肿、充血，管腔内有浆液性、黏液性或干酪样物渗出。若在育成期感染禽流感，引起输卵管炎，这种鹅开产后则不产蛋。

【诊 断】 根据流行病学、症状、剖检变化，可做出初步诊断。由于该病的临床特点与很多病相似，且血清型多，确诊需要进行实验室诊断。

【预 防】 主要采取综合性的预防措施。

1. 加强饲养管理，做好卫生消毒工作 实行全进全出的饲养管理模式，控制人员及外来车辆的出入，严格卫生和消毒制度；避免鹅群与野鸟接触，防止水源和饲料被污染；不从疫区引进雏鹅和种蛋；做好灭蝇、灭鼠工作；鹅舍周围的环境、地面等要严格消毒，饲养管理人员、技术人员消毒后才能进入鹅舍。

2. 加强监督工作 加强对禽类饲养、运输、交易等活动的监督检查，落实屠宰加工、运输、储藏、销售等环节的监督，严格产地检疫和屠宰检疫，禁止经营和运输病禽及产品。

3. 做好粪便的处理 养鹅场的粪便、污物应进行堆积发酵。

4. 免疫预防 疫苗免疫是控制禽流感的措施之一，目前生产上使用的禽流感疫苗主要有 H9N2、H7N9 和 H5（Re-6、Re-8）灭活苗，疫苗接种后 2 周就能产生免疫保护力，能够抵抗该血清型的流感病毒，免疫保护力能维持 10 周以上。推荐免疫程序如下：

（1）种鹅、商品蛋鹅 首免 15～20 日龄，颈部皮下注射禽流感 H9N2、H7N9 和 H5 灭活苗各 0.3 毫升；二免 45～50 日龄，颈部皮下注射禽流感 H9N2、H7N9 和 H5 灭活苗各 0.5 毫升；开产前 2～3 周，颈部皮下注射禽流感 H9N2 H7N9 和 H5 灭活苗各 0.6～0.7 毫升；开产后每隔 2～3 个月免疫 1 次。

（2）商品肉鹅 7～8 日龄，颈部皮下注射禽流感 H9N2、H7N9 和 H5 灭活苗各 0.3 毫升。

【治 疗】

1. 高致病性禽流感 一旦发现可疑病例，应及时向当地兽医主管部门上报疫情，同时对病禽进行隔离。一旦确诊，立即在有关部门的指导下划定疫点、疫区和受威胁区，严格封锁。扑杀疫点内所有受到感染的禽类，扑杀和死亡的禽只以及相关产品必须做无害化处理。受威胁地区，尤其是 3～5 千米范围内的家禽实施紧急免疫。同时要对疫点、疫区受威胁地区彻底消毒，消毒后 21 天，如受威胁地区的禽类不再出现新病例，可解除封锁。

2. 低致病性禽流感 在严密隔离的条件下，进行对症治疗，减少损失。对症治疗可采用以下方法：

（1）用抗病毒中药，如板蓝根、大青叶粉碎后拌料。也可用黄芪多糖饮水，连用 4～5 天。

（2）添加适当的抗菌药物如环丙沙星、氧氟沙星等，防止大肠杆菌或支原体等继发或混合感染。

二、副黏病毒病

鹅副黏病毒病是由鹅副黏病毒（即新城疫病毒）引起的一种鹅的急性病毒性传染病，不同日龄、不同品种的鹅均易感，发病率和死亡率高。

【病　原】　副黏病毒属于副黏病毒科、副黏病毒亚科、腮腺炎病毒属，为禽副黏病毒Ⅰ型。病毒粒子有囊膜，表面有纤突。病毒存在于病鹅的血液、粪便、肾、肝、脾、肺、气管等，其中脑、脾、肺中含量最高。能在多种细胞中生长繁殖，使细胞产生病变。病毒能凝集鸡、火鸡、鸭、鹅、鸽子等禽类的红细胞以及所有两栖类、爬行类的红细胞，因此实验室中可根据血凝－血凝抑制试验来鉴定该病毒。

病毒对热敏感；在酸性或碱性溶液中易被破坏；对乙醚、氯仿等有机溶剂敏感；对一般消毒剂的抵抗力不强，2%氢氧化钠、1%来苏儿、3%石炭酸、1%～2%甲醛溶液中几分钟就能杀死病毒。

【流行病学】　不同品种、不同年龄的鹅都能发病，其中雏鹅的发病率、死亡率较高，发病率一般为30%左右，死亡率10%左右，死亡率最高可达100%。传染源是病鹅、带毒鹅；呼吸道、消化道、皮肤或黏膜的损伤均可引起感染。一年四季均可发生，冬春季节多发。

【症　状】

1. 雏鹅　鹅群的日龄越小，发病率、死亡率越高，病程越短，康复越少。主要表现呼吸道和消化道症状。病鹅出现精神委顿、行动迟缓，流水样鼻液，咳嗽，呼吸急促，甩头，眼睛中有眼泪、眼半闭，排出灰白色稀粪。病程短，一般3～5天，死亡率可达100%。

2. 青年鹅或成年鹅 病初，病鹅排灰白色稀粪；随着病情的发展，排黄色、暗红色、绿色或墨绿色稀粪；行动无力，漂浮于水面；后期出现神经症状，如扭颈、仰头或转圈。发病后6～7天好转，9～10天康复。产蛋鹅产蛋率迅速下降，降幅达50%，持续时间约10天，之后产蛋率开始慢慢恢复。

【病理变化】 主要病变以出血为主。心冠脂肪有大小不一的出血点，心内膜出血，心肌变性；气管、肺脏出血。肝脏肿大，有白色坏死点。脾脏表面和切面都有灰白色或淡黄色粟粒大小的坏死灶。胰脏出血，有灰白色的坏死点。腺胃出血，肌胃角质层下出血，有的有溃疡灶或结痂；有的鹅腺胃与肌胃交界处、食道与腺胃交界处出血、溃疡。肠黏膜表面有大小不一的溃疡灶或糠麸样病变；肾脏肿大，有尿酸盐沉积。产蛋鹅卵泡变形、破裂，形成卵黄性腹膜炎。

【诊 断】

1. 临床诊断 根据流行病学、症状和剖检变化可以做出初步诊断。本病的症状主要是消化道症状明显，排稀粪，有的表现神经症状。病理变化特点主要是肠道出血、溃疡，脾脏有白色坏死灶等。

2. 实验室诊断 鸡胚或鸭胚接种分离病毒，通过血凝、血凝抑制试验、中和试验、PCR等对分离的病毒进行鉴定。

【预 防】

1. 实行严格的生物安全措施 科学选址，建立、健全卫生防疫制度及饲养管理制度。

2. 免疫接种 使用副黏病毒油乳剂灭活苗，对易感鹅群进行免疫。

（1）种鹅免疫 产蛋前2周，每只皮下或肌内注射油乳剂灭活苗0.5～1.0毫升，保护期半年左右。

（2）雏鹅免疫 种鹅如未免疫副黏病毒油乳剂灭活苗，其后代应在 7 日龄进行免疫接种，每只皮下或肌内注射油乳剂灭活苗 0.3～0.5 毫升，接种后 10 天内隔离饲养。种鹅免疫过油乳剂灭活苗，其后代体内有母源抗体，可在 15～20 日龄进行免疫，每只皮下或肌内注射油乳剂灭活苗 0.3～0.5 毫升。首免后 2 个月进行二次免疫。

【治　疗】　鹅群发病后可进行紧急接种，注射疫苗 6～10 天后，患病鹅群停止死亡，患病种鹅在注射疫苗 10 天后就可恢复产蛋。

三、呼肠孤病毒病

鹅呼肠孤病毒病是由呼肠孤病毒引起的多种疾病类型的疾病。雏鹅感染后可引起出血性、坏死性肝炎。

【病　原】　呼肠孤病毒属于呼肠孤病毒科、正呼肠孤病毒属、禽呼肠孤病毒成员。该病毒无囊膜，病毒不凝集禽类及哺乳动物的红细胞。禽呼肠孤病毒有 11 个血清型，且水禽呼肠孤病毒的抗原性关系密切。

鹅呼肠孤病毒能人工感染并致死雏鹅，却不能致死仔鹅、青年鹅、成年鹅、雏鸭、雏鸡等，能致死鹅胚、鸭胚、番鸭胚和鸡胚。

病毒对热、乙醚、氯仿等有抵抗力；对 2% 来苏儿、3% 甲醛有抵抗力；对 2%～3% 氢氧化钠、70% 乙醇敏感。

【流行病学】　呼肠孤病毒主要感染 1～10 周龄的雏鹅和仔鹅，发病率和死亡率与鹅的日龄密切相关，日龄越小，发病率、死亡率越高。发病或带毒鹅是主要的传染源，本病主要通过呼吸道或消化道感染，也能垂直传播。

【症　状】　患病雏鹅多呈急性型感染，主要表现为精神委顿，食欲减退或废绝，羽毛蓬乱无光，体弱、消瘦，行动无力、迟缓或跛行，腹泻。常出现一侧或两侧性关节肿大。患病仔鹅多呈亚急性或慢性感染，主要表现为精神委顿，食欲减退，运动困难，不愿站立，跛行，消瘦，腹泻，关节肿大。

【病理变化】 患病雏鹅的肝脏有大小不一、散在的或弥漫性的出血斑或淡黄色的坏死斑。脾脏肿大，质地较硬，表面有大小不一的坏死灶。胰脏出血，有灰白色坏死点。肾脏肿大出血，有针尖大小灰白色的坏死点。肠黏膜和肌胃肌层有鲜红的出血斑；关节皮下出血，肿胀的关节腔中有脓性渗出物，时间稍长的有纤维素性渗出液。患病仔鹅肝脏和脾脏的表现与急性病例相似。

【诊　断】 根据流行病学、症状及病理变化特点可以做出初步诊断。确诊需要进行病毒分离培养，采用 ELISA、中和试验、琼脂扩散试验等进行病毒的鉴定。

【预　防】

（1）采取严格的生物安全措施，加强环境的卫生消毒工作，减少病原的污染。

（2）种鹅可在开产前15天左右进行油乳剂灭活苗的免疫，既可以消除垂直传播，又可以是其后代获得较高水平的母源抗体，防止发生早期感染。若种鹅没有免疫，其后代可在10日龄左右免疫灭活疫苗。

【治　疗】 对发病的鹅采用高免血清或卵黄抗体进行治疗。同时配合使用抗生素以防止继发感染。

四、小　鹅　瘟

小鹅瘟又称鹅细小病毒感染，是由鹅细小病毒引起初生雏鹅或雏番鸭的一种急性或亚急性传染病。本病传播快、发病率高、死亡率高，对养鹅业的发展造成了巨大的危害。

【病　原】 小鹅瘟病毒属于细小病毒科、细小病毒属，病毒粒子呈球形或六角形，无囊膜。病毒无血凝活性，只有一个血清型。

病毒分布于发病雏鹅的各个组织器官及体液中，其中肝、脾、脑、血液、肠道等器官的含毒量高。本病毒对环境的抵抗力较强，65℃加热 30 分钟、56℃作用 3 小时其毒力无明显变化；在冷冻的状态下至少可以存活 2 年；能抵抗乙醚、氯仿、胰酶和 pH 值 3.0 的酸性环境等。

【流行病学】　本病主要发生于 20 日龄以内的雏鹅，40 日龄以上的鹅也有发生，不同品种雏鹅的易感性相似。发病率和死亡率与感染雏鹅的日龄密切相关，日龄越小，发病率、死亡率高；反之，越低。带毒鹅、病鹅和病番鸭是主要传染源。本病的传播途径主要是呼吸道和消化道，病鹅通过粪便大量排毒，污染饲料、饮水，易感雏鹅通过饮水、采食可以感染病毒。本病能通过孵化室进行传播，如带毒种鹅产的种蛋带毒孵化时，无论是孵化中出现死胚，还是孵化出外表正常的带毒雏鹅，都能散播病毒，将孵化室污染，造成刚出壳的雏鹅被感染，1 周内大批发病、死亡。本病的暴发多是病毒垂直传播引起的易感雏鹅群发病。

本病的流行有明显的季节性，在饲养密集的孵化地区呈周期性流行，大流行后的鹅群具有免疫力，发病率和死亡率较低。

【症　状】

1. 最急性型　多发生于 1 周龄以内的雏鹅，突然发病，死亡和传播快，发病率可达 100%，病死率高达 95% 以上。发病雏鹅精神沉郁，数小时内便出现衰弱，倒地后两腿乱划并死亡，或在昏睡中衰竭死亡。死亡的雏鹅喙和爪尖发绀。

2. 急性型　多发生于 1～2 周龄内的雏鹅，主要表现为精神委顿，食欲减退或废绝，饮水量增加；病鹅虽能随群采食，但采食后不吞咽，随即甩出；下痢，排黄白色或黄绿色稀粪，粪便中常带有气泡、纤维素碎片或未消化的饲料；不愿走动，行动迟缓，无力，站立不稳；张口呼吸，口鼻有棕色或绿褐色浆液性分泌物流出，喙端发绀，蹼色泽变暗；临死前两腿麻痹或抽搐，头多触地。病程 2 天左右。

【病理变化】　最急性型病例主要表现为肠道的急性卡他性炎

症，其他组织器官的病变不明显。

急性型病例表现为全身败血性变化，全身脱水，皮下组织充血，心肌颜色苍白，肝脏肿大。特征性病变为小肠（空肠和回肠部分）出现急性卡他性－纤维素性坏死性肠炎，小肠的中下段极度膨大，质地坚实，状如香肠，长度2～5厘米。剖开肠管，肠腔中有一条淡灰色或淡黄色的纤维素性栓子，栓子中心是深褐色干燥的肠内容物。亚急性病例的主要病变特征是肠道内形成纤维素性栓子。这种纤维素性栓子不与肠壁粘连，从肠管中拽出后，肠壁仍保持平整，但肠黏膜充血、出血，有的肠段出血严重。

【诊　断】　根据流行病学、临床症状和病理变化特点，可以对该病做出初步诊断。确诊需要进行实验室诊断。

【预　防】

1. 加强饲养管理，做好卫生消毒工作　小鹅瘟主要是通过孵化室进行传播的，孵化室中的一切用具、设备，在每次使用后必须清洗消毒，收购的种蛋应及时用甲醛熏蒸消毒。如发现出壳后的雏鹅在3～5天发病，则表示孵化室已被污染，应立即停止孵化，房舍及孵化、育雏等全部器具应彻底消毒。刚出壳的雏鹅不要与种蛋和成鹅接触。新购进的雏鹅应隔离饲养20天以上，确认无小鹅瘟发生时，才能与其他雏鹅合群。对于已污染的孵坊所孵出的雏鹅，应立即注射高免血清，每雏0.3～0.5毫升。

2. 免疫预防　利用弱毒苗免疫母鹅是预防本病最经济有效的方法。种鹅在开产前1个月用小鹅瘟鸭胚化弱毒疫苗进行第一次接种，2头份/只，肌内注射；15天后进行第二次接种，2～4头份/只。若种鹅未进行免疫，可对2～5日龄的雏鹅用小鹅瘟高免血清或小鹅瘟高免卵黄液，每只皮下注射0.5～1毫升，也有很好的保护效果。

【治　疗】　雏鹅发病后，及早注射小鹅瘟高免血清能制止80%～90%已感染病毒的雏鹅发病。处于潜伏期的雏鹅每只注射 0.5 毫升；出现初期症状的注射 2～3 毫升，10 日龄以上者可适当增加剂量，均采用皮下注射。

五、大肠杆菌病

大肠杆菌病是由某些致病性血清型大肠杆菌引起的不同类型病变的疾病总称，其特征性病变主要表现为心包炎、肝周炎、气囊炎、腹膜炎、输卵管炎、滑膜炎、脐炎以及大肠杆菌性肉芽肿和败血症等。

【病 原】 大肠杆菌属肠道杆菌科、埃希氏菌属的大肠埃希氏菌。该菌为两端钝圆的中等杆菌，有时近球形。单独散在，不形成链或其他规则形状。有鞭毛，运动活泼。周身有菌毛，一般具有可见的荚膜。革兰氏染色呈阴性。本菌为需氧或兼性厌氧，对营养要求不严格，在普通培养基上生长良好，最适温度为 37℃，最适 pH 值为 7.2～7.4，在 15～45℃ 环境中均可以生长。

本菌具有中等抵抗力，60℃加热 30 分钟可被杀死。对氯离子敏感，因此可用漂白粉作为饮水消毒。对阿普霉素、新霉素、多黏菌素、头孢类药物等敏感。但本菌易产生耐药性，因此在治疗时，应进行药物敏感试验，选择合适的药物进行治疗。

【流行病学】 大肠杆菌是家禽肠道和环境中常在菌，在卫生条件好的养殖场，本病造成的损失较小，但在卫生条件差、通风不良、饲养管理水平较低的养殖场，可造成严重的经济损失。鹅由于环境改变或者疾病等造成机体衰弱，消化道内菌群破坏或病原菌经口腔、鼻腔或者其他途径进入机体，造成大肠杆菌在局部器官或组织内大量增殖，最终引起鹅发病。该病发生与下列因素有关：环境不卫生、饲养环境差、过高或过低的湿度或温度、饲养密度过大、通风不良、通风量过大、饲料霉变、油脂变质。此外，本病的发生还与慢性呼吸道病、禽流感、传染性浆膜炎等疾病有关，并相互促进，由于继发感染或并发感染，导致死亡率升高。

【症　状】　由于大肠杆菌侵害部位、鹅日龄等情况不同，在临床表现的症状也不一。共同症状特点为精神沉郁、食欲下降、羽毛粗乱、消瘦。胚胎期感染主要表现为死胚增加，尿囊液浑浊，卵黄稀薄。卵黄囊感染的雏鹅主要表现为脐炎，育雏期间精神沉郁、行动迟缓、呆滞、腹泻以及泄殖腔周围沾染粪便等。成年鹅呼吸道感染后出现呼吸困难、黏膜发绀，消化道感染后出现腹泻、排绿色或黄绿色稀粪。成年鹅大肠杆菌性腹膜炎多发生于产蛋高峰期之后，表现为精神沉郁、喜卧、不愿走动，行走时腹部有明显的下垂感。种（蛋）鹅生殖道型大肠杆菌病常表现为产蛋量下降或达不到产蛋高峰，出现软壳蛋、薄壳蛋等畸形蛋。脑炎型大肠杆菌病主要表现为眼肿胀、头颈歪斜、震颤、角弓反张，呈阵发性。开产母鹅感染大肠杆菌后，表现为精神沉郁，食欲减退，不愿行动，下水后在水面漂浮，常离群落后。肛门周围沾染污秽发臭的排泄物，排泄物中混有蛋清、凝固的蛋白或卵黄块。后期病鹅食欲废绝，失水，眼球凹陷，衰弱而亡。病程为2～6天，仅有少数能够耐过，但不能恢复产蛋。

根据发病后鹅的表现可分为急性型和慢性型两类。

急性型：主要为败血症，发病急，死亡快，食欲废绝，饮水增加，体温较平时高2℃左右。

慢性型：病程3～5天，有时可达十余天。病鹅表现为精神不振，食欲减退，无饮欲。呼吸困难，气喘，站立不稳，常卧不起，头向下弯曲，喙触地，口流清水，排黄白色稀粪，肛门周围沾满粪便。

【病理变化】　因大肠杆菌侵害的部位和病鹅日龄不同，病理变化也不一致。胚胎期感染大肠杆菌孵化的雏鹅可见腹部膨胀，卵黄吸收不良以及肝脏肿大等。大肠杆菌引起的雏鹅或青年鹅败血症，以肝周炎、心包炎、气囊炎、纤维素性肺炎为特征性病变。具体表现为皮肤、肌肉淤血，肝脏肿大呈紫红色。肠黏膜弥散性充血、出血。心脏体积增大，心肌变薄。肾脏肿大，呈紫红色。肺脏出血、水肿。小鹅肿头症状的特征性病变主要为：头部、下颌部的皮下组织水肿坏死，呈胶冻样，并伴有大量的黄色黏液浸润，眼结膜充血、出血，眼睑肿胀，严重者上、下眼睑粘连。脑膜充血，个别可见出血点，肝、脾脏肿大，质地脆弱。肠黏膜充血、出血，个别可见气囊浑浊，心包膜增厚，心包积液增多。

卵黄性腹膜炎多见于成年母鹅。可见腹膜增厚，腹腔内有少量淡黄色腥臭的浑浊液体和干酪样渗出物，腹腔内器官表面常覆有一层淡黄色凝固的纤维素样渗出物，肠系膜粘连，肠浆膜上有小出血点。卵巢变形萎缩，卵黄变硬或破裂后形成大小不一的块状物。肝脏肿大，有时可见纤维素样渗出。

输卵管炎时可见输卵管肿胀，管腔中充满大小不一的黄白色渗出，输卵管黏膜出血。育成期的感染大肠杆菌，输卵管中有柱状渗出。

【诊　断】 临床症状和剖检变化仅作为初步诊断，确诊需进行细菌的分离鉴定。由于大肠杆菌病具有不同的症状和病变，因此，病料采集必须根据病变类型而定，多采集具有典型病变的组织或器官作为细菌分离的材料。若为急性大肠杆菌性败血症应心脏采血后进行细菌分离。一般来说，病程超过 1 周或投喂敏感药物后，往往难以分离到病原菌。

【预　防】 大肠杆菌是一种条件致病菌，预防该病的关键在于加强饲养管理，改善饲养环境条件，减少各种应激因素。

【治　疗】 发生该病后，可以用药物进行治疗。但大肠杆菌易产生耐药性，因此，在投放治疗药物前应进行药物敏感试验，选择高敏药物进行治疗。此外，还应注意交替用药，给药时间要尽早，以控制早期感染和预防大群感染。安普霉素、新霉素、黏杆菌素、氧氟沙星、头孢类药物等有较好的治疗效果，可用 0.01% 环丙沙星饮水，连用 3～5 天。

六、沙门菌病

鹅沙门菌病又称鹅副伤寒，是由多种沙门菌引起的疾病总称。该病对雏鹅的危害较大，呈急性或亚急性经过，表现出腹泻、结膜炎、消瘦等症状。

【病　原】　该病的病原为沙门菌中多种有鞭毛结构的细菌，最主要的为鼠伤寒沙门菌。革兰阴性菌。菌体单个存在，无芽孢，能够运动。

该菌抵抗力不强，对热和常用消毒药物敏感，60℃下5分钟死亡，0.005%高锰酸钾、0.3%来苏儿、0.2%福尔马林和3%石炭酸溶液20分钟内即可灭活。本菌在粪便和土壤中能够长期存活达数月之久，甚至3～4年。在孵化场绒毛中的沙门菌可存活5年之久。

【流行病学】　由于本菌自然宿主广泛，包括鸡、鸭、鹅、火鸡、鹌鹑等多种禽类，猪、牛、羊等多种家畜及鼠等，分布极为广泛，因此，该病原传播途径多、迅速。以1～3周龄内雏鹅最为易发，死亡率在10%～20%。本菌不仅水平传播，亦可垂直传播，带菌鹅、种蛋等是主要的传染源。此外，鹅舍较差的卫生条件和饲养管理不良能够促进该病的发生。

【症　状】　本病潜伏期一般为10～20小时，少数潜伏期更长。根据症状可分为急性、亚急性和隐性经过。

1. 急性型　多见于3周龄内的雏鹅。一般多于出壳数日后出现死亡，死亡数量逐渐增加，至1～3周龄达到死亡高峰。病鹅表现精神沉郁，食欲不振至废绝，不愿走动，两眼流泪或有黏性分泌物，腹泻，粪便稀薄、带气泡、黄绿色。病鹅常离群张嘴呼吸，两翅下垂，呆立，嗜睡，缩颈闭眼，羽毛蓬松，体温升高至42℃以上。后期出现神经症状，颤抖，共济失调，角弓反张，全身痉挛抽搐而死。病程2～5天。

2. 亚急性型 表现为精神萎靡不振，食欲下降，粪便细软，严重时下痢带血，消瘦，羽毛蓬松、凌乱，有些亦有气喘、关节肿胀和跛行等症状。

3. 隐性经过 成年鹅感染本菌多呈隐性经过，一般不表现出症状或症状较轻微，但粪便和种蛋等携带该菌，不但影响孵化率，也可能导致该病的流行。

【病理变化】

1. 急性型 发病死亡鹅剖检可见卵黄囊吸收不良。肝脏肿大，呈青铜色，表面有细小的灰白色坏死点。胆囊肿大。肠黏膜充血呈卡他性肠炎，有点状或块状出血。气囊轻微浑浊。脾脏肿大呈紫红色，表面有大小不一的坏死点。心包、心外膜和心肌出现炎症等。

2. 亚急性型 病鹅主要表现为肠黏膜坏死。带菌的种（蛋）鹅可见卵巢及输卵管变形，个别出现腹膜炎，角膜浑浊，后期出现神经症状，摇头，角弓反张，全身痉挛，抽搐而死。成年鹅感染多呈慢性，表现下痢、跛行、关节肿大等症状，并成为带菌者。

【诊 断】 根据症状、病理变化和流行病学可以做出初步诊断，确诊需进行细菌的分离鉴定。急性败血症死亡鹅采集多种脏器分离，亚急性病鹅以盲肠内容物和泄殖腔内容物检出率高，隐性经过鹅产的蛋壳表面或孵化的雏鹅散落的绒毛中易分离到该菌。

【预 防】

（1）种蛋应随时收集，蛋壳表面附有污染物如粪便等不能用作种蛋，收集种蛋时人员和器具应消毒。保存时蛋与蛋之间保留空隙，防止接触性污染。种蛋储存温度为 10～15℃为宜，时间不宜超过 7 天。种蛋孵化前应进行消毒，以甲醛熏蒸为最佳，按每立方米用高锰酸钾 21.5 克和 40% 甲醛 43 毫升，熏蒸时温度高于 21℃，密闭空间熏蒸时间要在 20 分钟以上。尽量避免种蛋浸泡消毒。重视孵化室和孵化器卫生管理。

（2）为防止在育雏期发病，进入鹅舍的人员需穿着经消毒处理的衣物，严防其他动物侵入。料槽、水槽、饲料和饮水等应防止被粪便污染，地面用3%～4%福尔马林消毒，每隔3天进行带鹅消毒。

（3）定期对鹅舍垫料、粪便、器具和泄殖腔等进行监测，同时应该定期对大群进行消毒。

【治　疗】　发病时可用环丙沙星按0.01%饮水，连用3～5天；氟甲砜霉素按0.01%～0.02%拌料使用，连用4～5天。此外，用新霉素、安普霉素等拌料饮水也有良好的治疗效果。药物使用过程中注意交替用药，避免细菌出现耐药性。

七、葡萄球菌病

鹅葡萄球菌病是由金黄色葡萄球菌引起的一种急性或慢性传染病。雏鹅感染发病后呈败血症经过，常表现出化脓性关节炎、皮炎、滑膜炎等特征性症状，发病率高，死亡严重。青年和成年水禽感染后多表现出关节炎。

【病　原】　金黄色葡萄球菌为革兰氏阳性球菌。镜检为圆形或椭圆形，呈单个、成对或葡萄状排列。致病性菌株在血液琼脂板上能够形成明显的溶血环。

本菌抵抗力较强，在干燥的结痂中可存活数月之久，60℃30分钟以上或煮沸可杀死该菌。3%～5%石炭酸溶液5～15分钟内可杀死该菌。

【流行病学】　金黄色葡萄球菌在自然界中广泛分布，如空气、地面、动物体表、粪便等。该病没有明显的季节性，一年四季均可发生。鹅对葡萄球菌的易感性与表皮或黏膜创伤、机体抵抗力、葡萄球菌污染严重程度和养殖环境密切相关。创伤是主要感染途径，也可以通过消化道和呼吸道传播。造成创伤的因素很多，如地面、笼舍有尖锐物、啄癖、疫苗接种以及昆虫叮咬等。某些疾病的发生和管理不善也是该病发生的诱因，如拥挤、通风不良、饲料单一、缺乏维生素及矿物质等。

【症　状】根据家鹅感染程度和部位可分为以下几种症状。

1. 急性败血型　主要感染仔鹅，表现为精神萎靡，鹅食欲减退至废绝，下痢，粪便呈灰绿色，胸、翅、腿部皮下出血，羽毛脱落。有时在胸部龙骨处出现浆液性滑膜炎。一般发病后 2～5 天后死亡。

2. 脐炎型　常发生于 1 周龄内雏鹅。由于某些因素，新出壳雏鹅脐孔闭合不全，葡萄球菌感染后引起脐炎。病鹅表现出腹部膨大，脐孔发炎，局部呈黄色、紫黑色，质地稍硬，流脓性分泌物，味臭，脐炎病雏常在出壳后 2～5 天内死亡。

3. 关节炎型　常发生于成年个体，病鹅可见多个关节肿胀，尤其是跗、趾关节，呈紫红色或紫黑色。病鹅表现跛行，不愿走动，卧地不起，因采食困难，逐渐消瘦，最后衰弱而亡。鹅感染葡萄球菌后多以关节炎型为主。

【病理变化】

1. 急性败血型　病死鹅胸、腹部皮肤呈紫黑色或浅绿色水肿，皮下充血、溶血，积有大量胶冻样粉红色或黄红色黏液，手触有波动感。胸部和腿内侧偶见条纹状或点状出血，病程久者还可见变性坏死。肝脏肿大，呈紫红色或紫黑色。肾脏肿大，输尿管中充满白色尿酸盐结晶。脾脏肿大呈紫黑色。心包积液，心外膜和心冠脂肪出血。腹腔内有腹水或纤维样渗出物。

2. 脐炎型　卵黄囊吸收不良，呈绿色或褐色。腹腔内器官呈灰黄色，脐孔皮下局部有胶冻样渗出。肝脏表面常有出血点。

3. 关节炎型　关节肿大，滑膜增厚、充血或出血，关节囊内有浆液或黄色脓样或纤维素样渗出物。病程长的慢性病鹅形成干酪样坏死，甚至关节周围结缔组织增生或畸形。

【诊　断】根据发病症状、病理变化和流行病学可以做出初步诊断，确诊需要进行结合实验室检查综合诊断。可取病死鹅心、肝、脾或关节囊渗出物进行细菌分离鉴定。也可采用病变组织抹片经革兰氏染色后镜检，可见单个、成对或短链状阳性球菌存在。

【预　防】

1. 加强饲养管理　饲料中要保证合适的营养物质，特别是要提供充足的维生素和矿物质等微量元素，保持良好的通风和湿度，合理的养殖密度，避免拥挤。及时清除鹅舍和运动场中的尖锐物，避免外伤造成葡萄球菌感染。

2. 注意严格消毒　做好鹅舍、运动场、器具和饲养环境的清洁、卫生和消毒工作，降低感染风险，可用 0.03% 过氧乙酸定期带鹅消毒，加强孵化人员和设备的消毒工作，保证种蛋清洁，减少粪便污染，做好育雏保温工作；疫苗免疫接种时做好针头的消毒。

【治　疗】　头孢噻呋，按 15 毫克 / 千克体重肌内注射，每天 1 次，连用 3 天。复方泰乐菌素，2 毫克 / 升，饮水，连用 3～5 天，有较好的治疗效果。

八、禽 霍 乱

禽霍乱又称禽出血性败血症或禽巴氏杆菌病，是鹅的一种急性败血性传染病。本病的特征是急性败血症，排黄绿色稀粪，浆膜和黏膜上有小出血点，肝脏上布满灰黄色点状坏死灶，发病率和死亡率都很高，是严重危害养鹅业的传染病。

【病　原】　多杀性巴氏杆菌，革兰氏阴性，无鞭毛、不运动，镜检为单个、成对偶见链状或丝状的小球杆菌。在组织抹片或新分离培养物中的细菌用姬姆萨、瑞氏、美蓝染色，可见菌体呈两极浓染。本菌抵抗力不强，在干燥空气中 2～3 天死亡，60℃下 20 分钟可被杀死。在血液中可保持毒力 6～10 天，鹅舍内可存活 1 个月之久。本菌自溶，在无菌蒸馏水或生理盐水中迅速死亡。3% 石炭酸 1 分钟，0.5%～1% 氢氧化钠、漂白粉，以及 2% 来苏儿、福尔马林溶液，几分钟内使本菌失活。

【流行病学】 本菌对鸭、鹅、火鸡等多种家禽均具有较强的致病力，主要引起出血性败血症或传染性肺炎。各日龄的鹅均可感染发病。患病鹅是本病的主要传染源。病鹅粪便、分泌物中含有大量的病原菌，可以通过污染饲料、饮水、器具、场地等使健康鹅发病。本病无明显季节性，但冷热交替、天气变化时易发，在秋季或秋冬之交流行较为严重。呈散发性或地方性流行。鹅群一旦感染本菌，发病率高，数天内大批感染死亡。成年鹅经长途运输，抗病能力下降，也易发该病。此外，蚊虫叮咬、野生动物闯入、饲养管理不善、寄生虫感染、营养缺乏等因素，均可促使该病的发生和流行。

【症 状】

1. 最急性型 常发生于该病流行初期，鹅群无任何临床症状的情况下，常有个别鹅在奔跑、交配、产蛋等过程中突然死亡。有时晚间大群饮食正常，次日清晨发现死亡病鹅。

2. 急性型 发病急，死亡快，出现症状后数小时到 2 天内死亡。病鹅采食量减少，精神沉郁，不愿下水游动，羽毛松乱，体温升高，饮水增多。蛋（种）鹅产蛋量下降。也有病鹅咳嗽，呼吸困难，气喘，甩头，口、鼻常流出白色黏液或泡沫。病鹅腹泻，排稀薄的黄绿色粪便，有时带有血便，腥臭难闻。病程为 2～3 天，很快死亡，死亡率高达 50% 甚至以上。

3. 慢性型 一般发生于流行后期或本病常发地区。病鹅消瘦，腹泻，有关节炎症状的关节肿胀、化脓，跛行，排泄物有一种特殊的臭味。死亡率低，但对鹅的生产性能影响较大，而且长期不能恢复。少数病例出现神经症状，病程常为数周至 1 个月以上。

【病理变化】

1. 最急性型 常见不到明显的变化，或仅表现为心外膜或心冠脂肪有针尖大小的出血点，肝脏有大小不一的坏死点。

2. 急性型 其特征性病变为肝脏肿大，呈土黄色或灰黄色，质地脆弱，表面散在大量针尖状出血点和坏死灶，脾脏肿大。心外膜和心冠脂肪上有大小不一的出血点，心内膜出血。心包积液增多，呈淡黄色透明状，有时可见纤维素样絮状物。气管环出血，肺脏充血、出血、水肿，或有纤维素渗出物。肠道黏膜充血、出血。

3. 慢性型 因病原菌侵害部位不同，表现的病变也不同。侵害呼吸系统的，可见鼻腔、鼻窦以及气管内有卡他性炎症，其内脏特征性病变是纤维素性坏死性肺炎，肺组织由于淤血和出血，呈暗紫色，局部胸膜上常有纤维素性凝块附着。侵害关节炎病例中，可见一侧或两侧的关节肿大、变形，关节腔内还有暗红色脓样或干酪样纤维素性渗出物。

【诊　断】 根据流行病学、发病症状和剖检变化可做出初步诊断，确诊需进行病原的分离鉴定综合判定。

【预　防】 由于本病多呈散发或地区性流行。因此，在一些本病常发地区或发过病的养殖场，应定期进行免疫预防接种。目前常用的霍乱疫苗主要有灭活苗、弱毒苗、亚单位疫苗等。

1. 油乳佐剂灭活苗 用于 2 月龄及以上鹅群，1 毫升 / 羽，皮下注射，能获得良好的免疫效果，保护期为 6 个月。

2. 禽霍乱氢氧化铝甲醛灭活苗 2 月龄以上的鹅群，2 毫升 / 羽，肌内注射，隔 10 天加强免疫 1 次，免疫期为 3 个月。

3. 弱毒疫苗 通过不同途径对一些流行菌株进行致弱获得疫苗株，优点是免疫原性好，血清型之间交叉保护力较好，最佳免疫途径为气雾或饮水途径。

【治　疗】 青、链霉素各 2 万单位 / 千克体重，肌内注射，每天 2 次，连用 3～4 天，效果较好；或头孢噻呋按照 15 毫克 / 千克体重，肌内注射，连用 3 天；0.01% 环丙沙星饮水，连用 3～5 天。

九、传染性浆膜炎

　　传染性浆膜炎又称鸭疫里默氏菌感染或鸭疫里默氏菌病，是由鸭疫里默氏菌引起仔鹅急性或慢性传染病。本病主要侵害2～7周龄的仔鹅，特征性病变为纤维素性心包炎、肝周炎、气囊炎、关节炎以及输卵管炎等。

　　【病　原】　本病的病原是鸭疫里默氏菌，目前共发现21个血清型，1、2、6、10型是目前我国大多地区的主要流行的血清型。本菌是一种革兰氏阴性菌，不运动，无芽孢，呈单个、成对，偶见丝状排列。瑞氏染色后，大多数细菌呈两极浓染。绝大多数鸭疫里默氏菌在37℃或室温条件下于培养基上存活不超过3～4天，2～8℃液体培养基中可保存2～3天，55℃培养12～16小时即可失活。在自来水和垫料中可存活13天和27天。本菌对多种抗生素药物敏感。

　　【流行病学】　1～8周龄的鹅都易感，尤其以2～3周龄的仔鹅最为易感。本病在感染群中感染率和发病率都很高，有时可达90%甚至以上，死亡率为5%～80%不等。本病无明显的季节性，一年四季均可发生，但冬春季节发病率相对较高。本病主要经呼吸道或皮肤伤口感染。育雏密度过高，垫料潮湿污秽和反复使用，通风不良，饲养环境卫生条件不佳，地面粗糙擦伤雏鹅脚掌，均可导致雏鹅感染；饲养管理粗放，饲料中蛋白质水平、维生素或某些微量元素含量过低，也易造成该病的发生和流行。此外，该病常并发或继发其他疫病，如大肠杆菌病、禽流感等。

　　【症　状】　根据病程和病鹅症状，可分为最急性型、急性型、亚急性型和慢性型。

　　1. 最急性型　本型在仔鹅群中发病急，常因受到应激刺激后突然发病，看不到任何明显症状就很快死亡。

　　2. 急性型　病鹅表现为精神沉郁，离群独处，食欲减退至废绝，体温升高，闭眼并急促呼吸，眼、鼻中流出黏液，眼睑污秽，出现明显的神经症状，摇头或嘴角触地，缩颈，运动失调，少数病鹅出现跛行或卧地不起，排黄绿色恶臭稀便。随着病程延长，部分病鹅鼻腔和鼻窦内充满干酪样物质，病鹅摇头、点头或呈角弓反张状态，两脚做前后摆动，不久便抽搐而亡。

3. 亚急性和慢性经过 该型多数发生于日龄较大的仔鹅，病程长达1周左右。主要表现为精神沉郁，食欲不振，伏地不起或不愿走动。常伴有神经症状，摇头摆尾，前仰后合，头颈震颤。遇到应激时，不断鸣叫，颈部扭曲，发育严重受阻，最后衰竭而亡。该病的死亡率与饲养管理水平、应激因素密切相关。

【病理变化】 特征性病变为全身广泛性纤维素性炎症。心包内可见淡黄色液体或纤维素样渗出物，心包膜与心外膜粘连。肝脏肿大，表面常覆有一层灰白色或灰黄色纤维素样膜状物，易剥离，肝脏呈土黄色或红褐色。胆囊伴有肿大，充满胆汁。气囊浑浊，壁增厚，覆有大量的纤维素样或干酪样渗出物，以颈胸气囊最为明显。脾脏肿大、淤血，表面覆有白色或灰白色纤维素样薄膜，外观呈大理石状。胸腺、法氏囊明显萎缩，同时可见胸腺出血。肺脏充血、出血，表面覆盖一层纤维素样灰黄色或白灰色渗出物。肾脏充血肿大，实质较脆，手触易碎。个别病例出现输卵管炎，输卵管膨大，管腔内积有黄色纤维素样物质。表现出神经症状的死亡病鹅剖检可见纤维素样脑膜炎，脑膜充血、出血。

慢性或亚急性病例可见跗关节、趾关节一侧或两侧肿大，关节腔积液，手触有波动感，剖开可见大量液体流出。

【诊 断】 根据流行病学、症状、病理变化等可做初步诊断，确诊需要通过实验室诊断。

【预 防】

（1）加强饲养管理，采取"全进全出"的饲养管理制度。由于该病的发生和流行与环境卫生条件和天气变化有密切的关系，因此，改善饲养管理条件和鹅舍及运动场环境卫生是最重要的预防措施。清除地面的尖锐物和铁丝等，防止足部受到损伤；育雏期间保证良好的温度、通风条件。定期清洗料槽、饮水器等，定期消毒。

（2）疫苗接种是预防该病的有效措施。目前常用的传染性浆膜炎疫苗主要有油乳剂灭活苗、蜂胶灭活苗、铝胶灭活苗以及鸭疫里默氏菌-大肠杆菌灭活二联苗和组织灭活苗等。肉鹅多于4～7日龄颈部皮下注射鸭疫里氏杆菌-大肠杆菌油乳剂灭活二联苗；蛋鹅于10日龄左右按0.2～0.5毫升/羽肌内注射或皮下注射灭活疫苗，2周后按0.5～1毫升/羽进行二免；种鹅可于产蛋前进行二免，并于二免后5～6个月进行第三次免疫，以提高子代雏鹅的母源抗体水平。

【治 疗】 用0.01%环丙沙星饮水，连用3天，效果较好；硫酸新霉素按0.01%～0.02%饮水，连用3天。此外，头孢类药物也具有良好的治疗效果。

十、坏死性肠炎

坏死性肠炎是发生在鹅的一种消化道疾病。该病以体质衰弱、食欲降低、突然死亡为特征性症状。病变特征为肠黏膜坏死，故又称烂肠病。该病在种鹅场中发生极为普遍，对养鹅业影响较大。

【病 原】 本病的病原为产气荚膜梭状芽孢杆菌，革兰氏染色为阳性，两头钝圆的兼性厌氧的短杆菌。根据主要致死型毒素和抗毒素的中和试验结果，该菌可分为A、B、C、D和E 5种血清型。在自然界中缓慢形成芽孢，呈卵圆形，位于菌体的中央或近端，在机体内常形成荚膜，没有鞭毛，不能运动。

该菌芽孢抵抗能力较强，在90℃处理30分钟或100℃处理5分钟死亡，食物中的菌株芽孢可耐煮沸1～3小时。健康鹅群的肠道中以及发病养殖场中的粪便、器具等均可分离到该菌，其致病性与环境和机体的状态密切相关。

【流行病学】 本病主要感染种鹅。粪便，污染的土壤、饲料、垫料，以及鹅肠内容物中均含有该菌，带菌鹅和耐过鹅均为该病的重要传染源。该病主要经过消化道感染，或由于机体免疫功能下降导致肠道中菌群失调而发病。球虫感染及肠黏膜损伤是引起或促进本病发生的重要因素。在一些饲养管理不良的养殖场，某些应激因素如饲料中蛋白质含量的升高、抗生素滥用、感染流感病毒等均可促进该病的发生。

【症　状】 鹅患病后，精神沉郁，不能站立，在大群中常被孤立或踩踏而造成头部、背部和翅羽毛脱落。食欲减退至废绝，腹泻，常呈急性死亡。某些鹅出现肢体痉挛，腿呈左右劈叉状，伴有呼吸困难等症状。

【病理变化】 病变主要在小肠后段，肠管增粗，尤其是回肠和空肠部分，肠壁变薄、扩张。严重者可见整个空肠和回肠充满血样液体，病变呈弥漫性，十二指肠黏膜出血。病程后期肠内充满恶臭气体，空肠和回肠黏膜增厚，表面覆有一层黄绿色或灰白色假膜。个别病例气管有黏液，喉头出血。母鹅的输卵管中常见有干酪样物质，肝脏肿大呈土黄色，表面有大小不一的黄白色坏死斑，脾脏肿大，呈紫黑色。

【诊　断】 临床上可根据症状及典型病变做出初步诊断。确诊需要进行实验室诊断。

【预　防】 由于产气荚膜梭菌为条件性致病菌，因此，预防该病的最重要措施是加强饲养管理，改善鹅舍卫生条件，严格消毒，在多雨和湿热季节应适当增加消毒次数。发病鹅应立即隔离饲养并进行治疗。适当调节日粮中蛋白质含量，避免使用劣质骨粉、鱼粉等。此外，一些酶制剂和微生态制剂等有助于预防该病的发生。

【治　疗】 多种抗生素如多黏菌素、新霉素、泰乐霉素、环丙沙星、恩诺沙星以及头孢类药物对该病均有良好的治疗效果和预防作用。对于发病初期的鹅群采用饮水或拌料均可，病程较长且发病严重的可采用肌内注射的方式。

十一、鹅渗出性败血症

鹅渗出性败血症又称鹅流行性感冒、鹅肿头症和鹅红眼病，是鹅尤其是雏鹅的一种急性传染病。临床特征表现为头颈摇摆、呼吸困难，鼻腔流出大量分泌物。该病具有发病率高、死亡率高的特点，是严重危害养鹅业的重要传染病之一。

【病　原】　该病的病原为败血志贺氏菌，亦称鹅渗出性败血杆菌，革兰氏阴性短杆菌，多呈球杆状，有时呈短链。无芽孢、不运动，用碱性美蓝染色效果较好。本菌为兼性厌氧菌，最适生长温度为 37℃。本菌对一般消毒剂敏感，56℃ 5 分钟即可杀死本菌。

【流行病学】　本病仅发生于鹅，对其他禽类没有致病性，各个日龄和品种的鹅均可感染发病，但以 1 月龄内尤其是 20 日龄以内的雏鹅最为易感，成年鹅发病率极低。该病主要由于病原菌污染饲料或饮水经消化道传播，同时也可以经过呼吸道传播。本病在春秋季节多发。天气骤变、雏鹅受寒或长途运输等应激因素均可促进本病的鹅发生。

【症　状】　本病的潜伏期较短，感染后数小时内即可发病。病鹅体温升高，精神萎靡，食欲减退，羽毛松乱，缩颈伏地，流眼泪，呼吸困难，严重者甚至张口呼吸，鼻腔不断流出大量浆液性黏液。随着病程的延长，鼻腔内分泌物的刺激和硬化造成机械堵塞而导致鹅呼吸困难，病鹅不断摇头甩颈，努力甩出鼻腔内黏液和干酪样物质。病程后期，病鹅头颈震颤，站立不稳，严重者两脚麻痹，不能站立，死亡之前多出现下痢症状。

【病理变化】　主要病变特征为皮下组织出血。眼结膜和瞬膜充血、出血。鼻腔内有浆液性或黏液性分泌物，喉头、鼻窦、气管、支气管内有明显的纤维薄膜增生，常伴有黄色半透明的黏液，肺、气囊内有纤维素样分泌物，心内、外膜出血或淤血，浆液性纤维素性心包炎。肝、脾、肾脏淤血或重大，有的脾脏表面散在一些粟粒大小灰白色坏死灶。胆囊肿大。肠黏膜充血、出血。雏鹅法氏囊出血。蛋鹅卵巢呈菜花样病变，头部肿大的病例可见头部及下颌皮下呈胶冻样水肿。

【诊　断】　根据症状和剖检变化可做出初步诊断。确诊需结合实验室诊断。无菌采集病鹅的鼻腔分泌物或肝脏、脾脏、肾脏等病变组织，直接在巧克力琼脂平板上划线，置于37℃培养24～48小时，根据菌落形态和镜检结果判断。

【预　防】　加强对鹅群的饲养管理，保证合理的饲养密度，避免因密度过大而造成疫病发生。保持鹅舍内良好的通风，鹅舍及运动场的干燥和卫生清洁。雏鹅群要注意鹅舍的防寒保温措施，防止因气温变化造成鹅群机体抵抗力下降，被病原菌侵害而发病。饲料的配比要合理，垫料和饮水应保持清洁卫生。在一些发病地区，可在饲料和饮水中添加一定比例的抗生素预防该病。

【治　疗】　一旦发生该病，应迅速采取严格措施对病鹅进行隔离，对鹅舍和运动场进行紧急消毒。对于小型发病鹅群应及时采取扑灭等措施。病鹅可采取以下多种方案进行治疗。20%磺胺嘧啶钠，肌内注射，首次1毫升，以后每次0.5毫升，或同等量磺胺嘧啶片口服治疗。雏鹅按2万～3万单位/羽肌内注射青霉素，每天2次，连用2～3天。2%环丙沙星预混剂，250克均匀混于100千克饲料中，连用2～4天。

十二、曲霉菌病

鹅曲霉菌病是发生于多种禽类和哺乳动物的一种真菌性疾病。以呼吸困难以及肺和气囊形成小结节为主要特征。本病主要发生于雏鹅，发病率高，发病后多呈急性经过，造成大批雏鹅死亡，给养鹅业造成较大的经济损失。

【病　原】　引起鹅发生曲霉菌病的病原主要为黄曲霉、烟曲霉和黑曲霉。烟曲霉的繁殖菌丝呈圆柱状，色泽由绿色、暗绿色至熏烟色。本菌在沙氏葡萄糖琼脂培养基上生长迅速，初为白色绒毛状，之后变为深绿色或绿色，随着培养时间的延长，最终为接近黑色绒状。黄曲霉的孢子头呈典型的放射状。该菌对营养要求不严格，在6～47℃之间均可生长。在多种培养基上均可生长，菌落为扁平状，偶见放射状，初期为略带黄色，然后变为黄绿色，久之颜色变暗。该菌能够产生黄曲霉毒素，该毒素具有强烈的肝脏毒性。黑曲霉分生孢子头球状，褐黑色。菌落蔓延迅速，初为白色，后变成鲜黄色直至黑色厚绒状。

曲霉菌孢子抵抗力很强，煮沸后5分钟才能杀死，一般消毒剂需要1～3小时才能杀死孢子。一般的抗生素和化学药物不敏感。制霉菌素、两性霉素、碘化钾、硫酸铜等对本菌具有一定的抑制作用。

【流行病学】　曲霉菌和其产生的孢子在自然界中分布广泛，雏鹅最为易感，雏鹅通过接触发霉的垫料、饲料、用具或一些农作物秸秆等经呼吸道或消化道而感染，也可经皮肤伤口感染。雏鹅感染后多呈群发性和急性经过，成年鹅仅为散发。出壳后的雏鹅进入被曲霉菌污染的育雏室，48小时后即开始出现发病死亡，4～12日龄是发病高峰期，之后逐渐降低，至1月龄基本停止死亡。育雏阶段的饲养管理和卫生条件不良是本病暴发的主要诱因。育雏室日夜温差较大、通风不良、阴暗潮湿，饲养密度过大等因素，均可促进本病的发生和流行。此外，在孵化室中孵化器污染严重时，霉菌可透过蛋壳而使胚胎感染，刚孵化的雏鹅很快出现呼吸困难等症状而迅速死亡。目前在推广使用的生物发酵床养殖，若发酵床霉变，则极易发生曲霉菌感染。

【症　状】　自然发病的潜伏期为2～7天。急性病例病鹅可见精神萎靡，不愿走动，多卧伏，食欲废绝，羽毛松乱无光泽，呼吸急促，常见张口呼吸，鼻腔常流出浆液性分泌物，腹泻，迅速消瘦，对外界刺激反应冷漠，通常在出现症状后 2～5 天内死亡。慢性病例病程较长，病鹅呼吸困难，伸颈呼吸，食欲减退甚至废绝，饮欲增加，迅速消瘦，体温升高，后期表现为腹泻，常离群独处，闭眼昏睡，精神萎靡，羽毛松乱。部分雏鹅出现神经症状，表现为摇头、共济失调、头颈无规则扭转以及腿翅麻痹等。病原侵害眼时，结膜充血，眼肿，眼睑封闭，严重者失明。病程约为 1 周，若不及时治疗，死亡率可高达 50% 甚至以上。成年鹅发生本病时多呈慢性经过，死亡率较低。产蛋鹅感染主要表现出产蛋下降甚至停产，病程可长达数周。

【病理变化】　肺部病变最为常见，肺、气囊和胸腔浆膜上有针尖至粟粒大小的结节，多呈中间凹陷的圆盘状，灰白色、黄白色或淡黄色，切面可见干酪样内容物。肺脏可见多个结节而使肺组织实变，弹性消失。此外，在鼻、喉、气管和支气管黏膜充血，有浅灰色渗出物。肝脏淤血和脂肪变性。严重的在鼻腔、喉、气管、胸腔腹膜可见灰绿色或浅黄色霉菌斑。脑炎型病例在脑的表面有界限清楚的黄白色坏死。

【诊　断】　根据流行特点，结合该病特征性病变（肺和气囊等部位出现黄白色结节等）可做出初步诊断，确诊需进行实验室诊断。

【预　防】

1. 加强饲养管理，搞好环境卫生　选用干净的谷壳、秸秆等作垫料。垫料要经常翻晒，阴雨天气时注意更换垫料，防治霉菌的滋生。饲料要存放在干燥仓库，避免无序堆放造成局部湿度过大而发霉。育雏室应注意通风换气和卫生消毒，保持室内干燥、整洁。育雏期间要保持合理的密度，做好防寒保温，避免昼夜温差过大。

2. 饲料中添加防霉剂　包括多种有机酸，如丙酸、醋酸、山梨酸、苯甲酸等。在我国长江流域和华南地区，在梅雨季节要特别注意垫料和饲料的霉变情况，一旦发现，立即处理。

【治　疗】　制霉菌素，喷雾或拌料，按千克体重雏鹅5 000～8 000单位，成年鹅按2万～4万单位，每天2次，连用3～5天。也可用0.5%硫酸铜溶液饮水，连用2～3天。5～10克碘化钾溶于1升水中，饮水，连用3～4天。

十三、念珠菌病

念珠菌病是指由白色念珠菌引起的一种消化道真菌病，鹅念珠菌病又称为鹅口疮或霉菌性口炎。主要特征是上消化道如口腔、咽、食道等黏膜上有乳白色假膜或溃疡。

【病　原】　白色念珠菌为一种酵母样真菌，兼性厌氧，革兰氏染色为阳性，但内部着色不均匀。在病变组织、渗出物和普通培养基上产生芽孢和假菌丝，不形成有性孢子。

【流行病学】　白色念珠菌是念珠菌属中的致病菌，广泛存在于自然界，同时常寄生于健康畜禽和人的口腔、上呼吸道和消化道黏膜上，是一种条件性致病菌。当机体营养不良、抵抗力下降，消化道正常菌群失调，饲料配制不当，维生素缺乏，使用免疫抑制剂，以及遇到其他应激因素时，导致机体内微生态平衡遭到破坏，容易引起发病。本病多由于饮水或饲料污染白色念珠菌被水禽误食，消化道黏膜有损伤而造成病原的侵入。鹅群之间不直接传播。但本病可通过种蛋传播，发病率和死亡率都很高。本病主要见于6周龄以内的雏鹅和其他雏禽，人也可以感染。成年鹅发生该病主要是长期使用抗生素致使机体抵抗力下降而继发感染。

【症　状】　该病无特征性症状。病鹅生长发育不良，精神萎靡，羽毛粗乱。食欲减退，消化功能障碍。雏鹅病例多表现出呼吸困难，气喘。一旦全身感染，食欲废绝后2天左右死亡。

【病理变化】　剖检可见病变多位于上消化道，如口腔和食道等，黏膜增厚，表面形成灰白色、隆起的溃疡病灶，形似散落的凝固牛乳，黏膜表面常见假膜性斑块和易刮落的坏死物质，剥离后黏膜面光滑。口腔黏膜表面常形成黄色、干酪样的典型"鹅口疮"。偶见腺胃黏膜肿胀、出血，表面覆有黏液性或坏死性渗出物，肌胃角质层糜烂。

【诊　断】　根据病鹅上消化道黏膜的假膜和溃疡病灶，可做出初步诊断。确诊需进行实验室诊断。采集病变组织器官的渗出物做抹片检查，观察酵母样丝菌和菌体，也可以通过真菌的分离培养和鉴定。

【预　防】　本病的发生与环境卫生有密切关系，因此要确保鹅舍通风良好，环境干燥，控制合理的饲养密度。避免长期使用抗生素，以防止消化道菌群失调而造成二次感染。育雏期间应适当补充多种维生素。加强消毒，可用2%福尔马林或1%氢氧化钠进行消毒，有时需用碘制剂处理种蛋防止垂直传播。此外，可在饲料中适当添加制霉菌素或在饮水中添加硫酸铜。

【治　疗】　一旦发生该病，可采用以下方案进行治疗。每千克饲料中添加0.22克制霉菌素拌料使用，连用5～7天。按克霉唑1克混于100羽雏鹅料，连用5～7天。1∶2000硫酸铜饮水，连用5天。对于病情严重病例，可轻轻撕去口腔假膜，涂碘甘油。

十四、传染性窦炎

传染性窦炎又称为支原体病或慢性呼吸道病，是由支原体引起的以慢性呼吸道疾病为特征的疾病。该病广泛发生于全国各地的养鹅地区。

【病　原】　目前国内已鉴定多种支原体，对鹅具有致病性的主要为滑液支原体和败血支原体，均属支原体属。支原体对营养要求较高，且生长缓慢，2～6天才长出用低倍显微镜才能观察到的小菌落。支原体对多种理化因素敏感，45℃15～30分钟或

55℃5～15分钟即被杀死。

【流行病学】 本病可发生于各日龄的鹅，但以2～4周龄的雏鹅最为易感，成年鹅较少发病。病鹅和隐性感染鹅是重要的传染源，鹅舍和运动场的不良的卫生条件也是该病发生和流行的重要诱因。病原可通过空气、飞沫和尘埃颗粒等途径水平传播，也可以通过种蛋垂直传播。传播方式的多样性决定了该病在生产中发生和流行的普遍性。鹅群一旦发生该病，极易在鹅舍循环发病。发病率可高达80%以上，但死亡率不高，主要为慢性经过，本病在新发鹅舍传播较快，而在疫区呈慢性经过。疾病的严重程度与饲养管理、环境卫生、营养、其他疫病的继发或并发感染有密切关系。该病没有明显的季节性，但在寒冷季节由于保温和通风等因素的控制不当可造成该病流行严重。

【症　状】 本病一般多呈慢性经过，病鹅多表现轻微症状。一侧或两侧眶下窦肿胀，引起眼睑肿胀。发病初期手触柔软，有波动感，窦内充满浆液性渗出物，部分病鹅还表现结膜炎。随着病程的发展逐渐形成浆液性、黏液性和脓样渗出物，病程后期形成干酪样物质，肿胀部位变硬，渗出物减少。病鹅鼻腔内也有分泌物，导致呼吸不畅，病鹅常努力甩头，有些病鹅眼内也充满分泌物，甚至造成失明。病鹅多能耐过，但精神萎靡，生长缓慢。商品代鹅生产性能下降。蛋（种）鹅感染后多造成产蛋下降和孵化率降低，孵化出的雏鹅中弱雏较多，常继发大肠杆菌病，出现食欲减退和腹泻等症状。

【病理变化】 剖检可见鼻腔、气管、支气管内有浑浊的黏稠状或卡他性渗出物，个别病例症状较轻者不易觉察。发生气囊炎可导致气囊壁增厚、浑浊，严重者表面覆有黄白色大小不一的干酪样渗出物。眶下窦黏膜充血增厚。自然病例多为混合感染，可见呼吸道黏膜充血、水肿、增厚，窦腔内充满黏液性和干酪样渗出物，严重时在气囊和胸腔隔膜上覆有干酪样物质。若与大肠杆菌混合感染，可见纤维素性心包炎和肝周炎等。

【诊　断】　一般根据临床症状和剖检变化可进行初步诊断。确诊需结合实验室诊断。血清凝集反应：用磷酸盐缓冲液稀释血清，然后取一滴抗原与一滴血清混匀后，1～2分钟内观察是否出现凝集。

【预　防】　加强饲养管理，保持鹅舍的通风和良好的卫生条件，合理的饲养密度，避免大群拥挤，保证合理的营养比例是控制本病的重要措施。此外，对健康鹅群尤其是种鹅应接种疫苗预防该病的发生。在育雏期间采取全进全出，空舍后彻底消毒。严禁从疫区或患病种鹅场引种。定期对种鹅进行致支原体检测，一旦发现阳性个体，应立即淘汰。此外，还可以用一些抗生素在育雏期进行药物预防。

【治　疗】　对于发病鹅群可选择泰乐菌素、环丙沙星、强力霉素、泰妙霉素等进行治疗，为防止耐药性产生，最好选择2～3种药物联合或交替使用，连用4～5天。

十五、球　虫　病

鹅球虫病是由不同属球虫寄生于肠道或肾脏引起的一种急性寄生虫病，该病可造成雏鹅大批发病和死亡，耐过鹅生长缓慢，生产性能下降，对鹅危害较大。

【病　原】　鹅球虫病共有15种球虫，其中，截形艾美尔球虫致病力最强，寄生于肾脏肾小管上皮细胞；其余14种均寄生于肠道，致病力不等。有些球虫单独感染不引起发病，但多种混合感染时可造成发病严重。截形艾美尔球虫的卵囊呈椭圆形，前段截平，较狭窄，卵囊壁光滑，具有卵囊孔和极帽。孢子囊有残体，孢子化时间为1～5小时。鹅艾美尔球虫的卵囊呈梨形，囊壁单层，无色，具有卵囊孔。考氏艾美尔球虫的卵囊呈长椭圆形，一端狭窄，为浅黄色。

【流行病学】　鹅通过摄入饲料或饮水、鹅舍以及运动场中的孢子化卵囊后而感染发病。某些昆虫和人员均可以成为球虫的传播者。各个日龄的鹅均有易感性，幼龄鹅较为易感，感染率和发病率均较高，但死亡率较低。成年鹅多为隐性感染，是本病的重要传染源；此外，一些野生水禽也是该病的传染源。球虫卵囊对自然界各种不利因素的抵抗力较强，在土壤中可保持活力达86周之久。一般消毒剂不能杀死卵囊，但冰冻、日光照射和孵化器中的干燥环境对卵囊具有抑制杀灭作用。26～32℃的潮湿环境有利于卵囊发育。饲养管理不良如鹅舍卫生条件恶劣、潮湿，密度过大等因素极易造成该病的发生。此外，细菌、病毒或寄生虫感染以及饲料中维生素A、维生素K的缺乏也可以促进本病的发生。该病具有明显的季节性，一般以6～9月份高温多雨季节多发，其他时间零星散发。

【症　状】　患肾球虫病的雏鹅常呈急性经过，表现为精神萎靡，食欲减退，两翅下垂，消瘦，腹泻，排白色稀便，常见颈扭转贴于背部，一般于发病后1～2天内死亡。

肠球虫病症状与肾球虫病相似，但消化道症状明显，头部左右轻摇或微微震颤，流涎，食道膨大部充满液体，排红色或褐色血便，严重者衰竭而亡。症状较轻的病鹅可耐过，但发育不良，生长缓慢，长期带虫，成为本病的传染源。

【病理变化】　肾球虫病病鹅可见肾脏肿大，呈浅灰黑色或暗红色，表面有出血斑和针尖大小的灰白色病灶或条纹状出血，灰白色病灶中含有尿酸沉积物和大量卵囊。肠球虫病病鹅可见小肠肿胀，呈现出血性卡他性炎症，尤其以小肠中段和下段最为严重，肠内充满稀薄的红褐色内容物，肠壁上有时出现大的白色结节或纤维素性坏死性肠炎。

【诊　断】　鹅群中携带球虫现象较为普遍，所以不能仅根据粪便中有无卵囊做出诊断。应该结合症状、流行病学、病理变化、病原检查综合判断是否为球虫感染。

【预　防】　加强饲养管理，鹅舍应经常打扫、消毒，保持干燥清洁，病鹅和耐过鹅应及时隔离治疗，防止该病的传播。

【治　疗】 磺胺间六甲氧嘧啶（SMM）按0.1%拌料，或复方磺胺间六甲氧嘧啶（SMM+TMP，1∶5）按0.02%～0.04%拌料，连用5天后，停用3天，再连用5天。磺胺甲基异噁唑（SMZ）按0.1%拌料，或复方磺胺甲基异噁唑（SMZ+TMP，1∶5）按0.02%～0.04%拌料，连用7天后，停用3天，再用3天。

十六、绦 虫 病

寄生于鹅肠道内的绦虫种类较多，其中最主要的是矛形剑带绦虫和皱褶绦虫。绦虫均寄生于鹅的小肠内，尤其是十二指肠。大量虫体增殖可造成病鹅贫血、下痢、产蛋下降甚至停产。

【病　原】 鹅绦虫病的病原主要是矛形剑带绦虫和皱褶绦虫。矛形剑带绦虫虫体为乳白色，形似矛头，虫卵无色，呈椭圆形。矛形剑带绦虫以水生的剑水蚤为中间宿主，虫卵在剑水蚤体内发育成类囊尾蚴。皱褶绦虫为大型虫体，头节细小，易脱落。头节下有一扩张的假头节，由许多无生殖器官的节片组成，吻端有钩。虫卵为两端稍尖的椭圆形。

【流行病学】 矛形剑带绦虫卵囊形成类囊尾蚴，鹅摄入含类囊尾蚴的剑水蚤而感染，在小肠内经2～3周发育为成虫。雏鹅易感，严重者可导致病鹅死亡。成年鹅多为带虫传染源。皱褶绦虫与矛形剑带绦虫感染宿主过程相似。该病多发生于中间宿主活跃的4～9月份。各日龄的鹅均可感染该病，但以25～40日龄的雏鹅发病率和死亡率最高。

【症　状】 雏鹅感染后首先出现消化功能障碍症状，排混有白色节片的白色稀便。后期病鹅食欲下降至废绝，饮欲增加，生长缓慢，消瘦，精神不振，不愿运动，常离群独处，两翅下垂，羽毛粗乱。有时可见运动失调，两腿无力，走路不稳，常突然向一侧跌倒，站立困难。夜间病鹅伸颈张口呼吸，做划水状。发病后一般经过1～5天死亡，若有其他疾病并发或继发感染，则可导致较高的死亡率。

【病理变化】 剖检可见小肠内黏液增多，黏膜增厚，呈卡他性炎症，有出血点，有时可见溃疡灶。浆膜可见大小不一的出血点，心外膜更为显著。

【诊　断】 采集病鹅粪便中的白色米粒样孕卵节片，轻碾后做涂片镜检，可见大量虫卵。也可以对部分病情严重的病鹅进行剖检，结合小肠病变综合诊断。

【预　防】 首先要改善鹅舍环境卫生，对粪便和污水进行生物处理和无害化处理，养殖过程中注意观察感染情况。对成年水禽进行定期驱虫，一般在春秋两季进行，以减少病原对环境的危害。

【治　疗】 下列药物任选其一：每千克体重服用20～30毫克丙硫咪唑（抗蠕敏）；每千克体重服用150～200毫克硫双二氯酚（别丁），隔4天后再用1次；每千克体重服用100～150毫克氯硝柳胺（灭绦灵）。

十七、线 虫 病

鹅线虫病是由线虫纲中的线虫引起水禽的一种寄生虫病。线虫的生活史多种多样，一般可分为直接和间接发育2种，直接发育的线虫不需要中间宿主，雌虫直接将卵排出体外，在适宜的条件下，孵育成幼虫并经2次蜕皮变为感染性幼虫，被易感动物摄入后，在其体内发育成虫；间接发育的线虫则需要软体动物、昆虫作为中间宿主。线虫是对鹅危害最为严重的蠕虫。感染鹅的线虫主要包括蛔虫、异刺线虫、四棱线虫、裂口线虫和毛细线虫等。

（一）蛔 虫 病

鹅蛔虫病是由蛔虫寄生于小肠内的一种常见寄生虫病。本病在全国各地均有发生，主要造成雏鹅的发育不良，严重时造成大批死亡。

【病　原】　蛔虫是寄生于鹅体内最大的线虫，呈淡黄白色，头端有 3 个唇片，雄虫尾端向腹部弯曲，有尾翼和尾乳突，1 个圆形或椭圆形泄殖腔前吸盘，2 根交合刺长度相近。虫卵呈深灰色椭圆形，卵壳较厚。受精后雌虫将卵随粪便排出体外，虫卵对外界环境和常用消毒药物抵抗力很强，但在干燥、高温和粪便堆肥等情况下很快死亡。虫卵在适宜条件下发育成为感染性虫卵，可存活 6 个月之久。鹅摄入污染感染性虫卵的饲料和饮水，虫卵进入小肠内脱壳发育为成虫。

【流行病学】　由于该病的发生与蛔虫的生活世代周期密切相关，因此，3～4 周龄的雏鹅最为易感和发病，成年鹅多为带虫者传染源。

【症　状】　患病雏鹅多表现为生长发育受阻，精神萎靡，行动迟缓，食欲减退，消瘦，腹泻，偶见粪便中混有黏液性血块，羽毛松乱，贫血，黏膜苍白，最终可因衰竭而亡。严重病例可导致肠道堵塞而死亡。

【病理变化】　剖检可见小肠黏膜发炎、出血，肠壁上有颗粒样化脓灶或结节。严重感染病例可见大量虫体聚集，相互缠绕如麻绳状，造成肠道堵塞，甚至肠管破裂和腹膜炎。

【诊　断】　根据症状和剖检变化可做出初步诊断，结合饱和盐水漂浮法检查粪便中虫卵或取小肠、腺胃和肌胃中虫体于低倍显微镜下观察可确诊。

【预　防】　搞好鹅舍的环境卫生，及时清理粪便；对粪便进行堆积发酵，杀死虫卵；对鹅群定期进行预防性驱虫，每年2～3 次。

【治　疗】　一旦发生该病，应及时进行治疗。可采用以下方案中的一种：①丙硫咪唑，每千克体重 10～20 毫克，一次服用；②左旋咪唑，每千克体重 20～30 毫克，一次服用；③噻苯唑，每千克体重 500 毫克，配成 20% 悬液内服；④枸橼酸哌嗪，每千克体重 250 毫克，一次服用。

（二）异刺线虫病

鹅异刺线虫病是由异刺线虫寄生于鹅的盲肠内引起的一种寄生虫病。该虫也可寄生在鸡、火鸡等其他家禽的盲肠内。

【病　原】　异刺线虫又称盲肠虫，虫体呈淡黄白色。雄虫长 7～13 毫米，尾部有 2 根长短不一的交合刺。雌虫长 10～15 毫米。虫卵较小，呈椭圆形，灰褐色，随粪便排出体外。在适宜的条件下经 2 周左右发育成感染性虫卵。虫卵污染的饲料、饮水被鹅吞食后，虫卵到达小肠孵化为幼虫，后进入盲肠黏膜内，经 2～5 天发育后返回盲肠肠腔，最后经过 1 个月左右发育为成虫。

【流行病学】　异刺线虫不仅可以感染鹅，也可以感染鸡、鸽、鸭等家禽。

【症　状】　患病雏鹅表现为食欲减退至废绝，消瘦，生长发育不良，腹泻，逐渐消瘦而亡。产蛋母鹅产蛋下降，甚至停产。

【病理变化】　剖检可见盲肠肿大，肠壁明显发炎、增厚，有时可见溃疡灶，也可见在黏膜或黏膜下层形成结节。盲肠内可见虫体，尤其以盲肠末端虫体最多。

【诊　断】　根据临床症状和病理变化做出初步诊断。确诊需采集病鹅粪便，用饱和盐水浮集法检查粪便中的虫卵。

【防　治】　参见蛔虫病。

十八、前殖吸虫病

前殖吸虫病是由前殖科、前殖属的多种吸虫寄生于鹅的直肠、泄殖腔、法氏囊和输卵管等引起的一种寄生虫病。

【病　原】　虫体呈棕红色，扁平梨形或卵圆形，体长 3～6 毫米。虫卵为棕褐色，椭圆形，一端有卵盖，另一端有小突起，内含一个胚细胞和多个卵黄细胞。成虫在寄生部位产卵，随粪便排出体外，被第一中间宿主淡水螺类吞食，孵化成为毛蚴，之后进入螺肝内发育为胞蚴，进而发育成尾蚴并离开，再进入蜻蜓幼虫和稚虫体内发育为囊蚴，鹅通过摄入含有囊蚴的蜻蜓幼虫或成虫即被感染，感染后在鹅体内经 1～2 周发育为成虫。

【流行病学】 本病呈地方性流行，发病与蜻蜓出现的季节一致，春夏季节多发。温暖和潮湿的气候可以促进本病的发生。各日龄的鹅以及其他禽类均可感染该病。

【症　状】 发病初期没有明显的症状，但陆续开始出现产薄壳蛋。随着病程的发展，病鹅产蛋量逐渐下降甚至停产，有些病鹅可见薄壳、蛋黄和蛋清分别流出。后期病鹅精神萎靡，食欲减退，消瘦，体温升高，饮欲增加，泄殖腔突出，肛门周围潮红。个别病例由于继发腹膜炎，在 3～5 天内很快死亡。

【病理变化】 剖检可见输卵管和泄殖腔发炎，黏膜充血、肿胀、增厚，在管壁上可见红色的虫体。有的输卵管变薄甚至破裂，引起卵黄性腹膜炎，腹腔中充满黄色和白色的液体，脏器之间互相粘连。

【诊　断】 根据产畸形蛋、薄壳蛋及其他品质较差的蛋和输卵管特征性病变可做出初步诊断。确诊需要在病变部位发现虫体，或在粪便中发现虫卵。

【预　防】 在养殖集中地区的鹅群进行定期检查。及时清理粪便，堆积发酵，以杀灭粪便中的虫卵。驱赶鹅舍及周边的蜻蜓，防止活鹅食入蜻蜓幼虫等而发病。在多发季节春秋两季定期驱虫。发现病鹅应及时隔离治疗，并对鹅舍和运动场进行灭虫和消毒。

【治　疗】 可采用以下方案进行治疗：①阿苯达唑，每千克体重 10～20 毫克，一次服用或拌料使用。②噻苯唑，每千克体重 500 毫克，一次服用。③吡喹酮，每千克体重 60 毫克，拌料，一次服用，连用 2 天。

十九、痛　风

痛风是由于多种原因引起的尿酸在血液中大量积聚，造成关节、内脏和皮下结缔组织发生尿酸盐沉积而引起的一种营养代谢病。以行动迟缓、关节肿大、跛行、厌食、腹泻为特征。本病多发生于青绿饲料缺乏的冬春季节，不同品种的鹅均可发生，但多见于雏鹅发病。

【病　因】　鹅痛风的病因有多方面的因素，各种外源性、内源性因素导致血液中尿酸水平增高和肾功能障碍，血液中尿酸水平升高的同时，肾脏排出尿酸量增加而受损伤，造成尿酸盐的排泄受阻，反过来又促使血液中尿酸水平量增高，如此恶性循环造成该病愈发严重。常见的因素有以下几方面。

1. 营养性因素

（1）核蛋白和嘌呤碱基饲料过多　豆粕、鱼粉、肉骨粉等含核蛋白和嘌呤较多。这些蛋白类物质代谢终产物中尿酸比例较高，超出机体排出能力，大量的尿酸盐就会沉积在内脏或关节而形成痛风。

（2）可溶性钙盐含量过高　饲料中添加的贝壳粉或石粉过多，超出机体需求和排泄能力，钙盐从血液中析出，沉积在不同部位造成钙盐性痛风。

（3）饮水量不足　夏季或运输过程中饮水不足，造成机体脱水，代谢产物无法随尿液排出，造成尿酸盐沉积。其他如维生素A、维生素 D 等缺乏和矿物质比例不当也可诱发该病。

2. 中毒性因素　许多药物对肾脏有损害作用，如磺胺类和氨基糖苷类等抗生素通过肾脏进行排泄，具有肾脏毒性，若持续过量用药则易导致肾脏损伤。长期使用磺胺类药物，不配合苯酸氢钠等碱性药物，药物易结晶析出，沉积于肾脏和输尿管中，影响肾和输尿管的排泄功能，造成尿酸盐沉积，诱发该病。

3. 疾病因素 某些病毒感染后，如多瘤病毒、星状病毒会导致肾脏代谢功能障碍诱发此病。

【症　状】 根据尿酸盐沉积部位不同，可分为关节痛风和内脏痛风。关节痛风主要见于青年和成年鹅，病鹅脚和腿关节肿胀，触之较硬，站立姿势奇特，跛行甚至瘫痪。结节破裂后渗出灰黄色黏稠或干酪样尿酸盐结晶，剥落后可见出血性溃疡。内脏痛风多见于 15 日龄以内雏鹅，偶见于青年或成年鹅。病鹅精神萎靡，缩颈，两翅下垂，食欲减退甚至废绝，消瘦，蹼干燥，排白色黏液样或石灰样粪便。肛门周围布满白色糊状物，严重者突然死亡。产蛋鹅产蛋下降甚至停产。内脏型病鹅死亡率较高。

【病理变化】 内脏型病例剖检可见内脏器官表面有大量的尿酸盐沉积，输尿管变粗，管壁增厚，管腔内充满石灰样沉积物。肾脏肿大，颜色变淡，甚至出现肾结石和输尿管堵塞。严重病例在多个脏器、浆膜、气囊和肌肉表面均有白色尿酸盐沉积。关节型病例可见病变关节肿胀，关节腔内有白色尿酸盐沉积。

【预　防】 科学合理地配制日粮，保持合理的钙、磷比例，适当添加维生素 A，给予充足饮水。合理选择药物，避免长期过量使用损伤肾脏的药物。做好某些病毒病的免疫预防。

【治　疗】 首先要找出诱因，对症治疗。减少日粮饲喂量，每日较正常量约减少 20%，连续 5 天，同时补充多种维生素、青绿饲料，保证充足饮水，促进尿酸盐的排出。此外，饮水中可加入乌洛托品、别嘌呤醇等，以提高肾脏排泄尿酸盐的能力，促进尿酸盐的酸化和排出。

二十、维生素 B_1 缺乏症

维生素 B_1 缺乏症又称多发性神经炎，是由于饲料中维生素 B_1 含量不足引起鹅的一种营养代谢性疾病。维生素 B_1 是体内多种酶的辅酶，在调节糖类代谢，促进生长发育和保持正常的神经和消化功能等方面具有重要的作用。

【病　因】　饲料中的维生素 B_1 在加热和碱性环境中易遭到破坏，或者饲料中含有硫胺素酶、氧硫胺素等而使维生素 B_1 受到破坏。饲料贮存时间过久，贮存条件不当或发生霉变等因素造成维生素 B_1 的损失。消化功能障碍会影响维生素 B_1 的吸收和利用。此外，氨丙啉等抗球虫药物的过量使用也可造成维生素 B_1 的缺乏。

【症　状】　雏鹅日粮中缺乏维生素 B_1 时，一般 1 周左右开始出现症状。病鹅食欲下降，生长发育受阻，羽毛松乱，无光泽，精神不振。随着病程的发展，两脚无力，腹泻，不愿走动。行动不稳，失去平衡感，行走过程中常跌倒在地，有时出现侧倒或仰卧，两腿呈划水状前后摆动，很难再次站立。头颈常偏向一侧或扭转，无目的地转圈奔跑。这种症状多为阵发性，且日益严重，最后抽搐而亡。成年鹅缺乏维生素 B_1 时症状不明显，产蛋量下降，孵化率降低。

【病理变化】　胃肠壁严重萎缩，十二指肠溃疡，肠黏膜明显炎症。雏鹅生殖器官萎缩，皮肤水肿。心脏轻度萎缩。

【预　防】　保证日粮中维生素 B_1 的含量充足，在生长发育和产蛋期应适当增加豆粕、糠麸、酵母粉以及青绿饲料等。雏鹅出壳后，可在饮水中添加适量的电解多维。在使用抗生素和磺胺类药物治疗疾病时，应增加饲料或饮水中维生素 B_1 的比例。

【治　疗】　增加饲料中维生素 B_1 的含量。出现可疑病例时，可在每千克饲料中加入 10～20 毫克维生素 B_1 粉剂，连用 7～10 天。每 1 000 羽雏鹅用 500 毫升维生素 B_1 溶液饮水，连用 2～3 天。对于病情严重的病鹅，可用复合维生素 B 注射液按成年鹅 5 毫克，雏鹅 1～3 毫克肌内注射，每天 1 次，连用 3～5 天。

二十一、维生素 B_2 缺乏症

维生素 B_2 缺乏症是由于维生素 B_2 缺乏或不足引起机体新陈

代谢中生物氧化功能障碍性疾病。维生素 B_2 又称核黄素，是禽体内多种酶的辅基，与机体的生长和组织修复密切相关。由于体内合成量较少，多由饲料中外源性维生素 B_2 提供。临床上多以两腿发生瘫痪及坐骨神经肿大，发病雏鹅趾爪向内弯曲、瘫痪、皮肤干燥等为特征性症状，多发于雏鹅，青年、成年鹅极少发生该病。

【病　因】　饲料中维生素 B_2 含量不足，由于所需维生素 B_2 在机体内合成较少，主要依赖于饲料补充，主要饲料原料多为维生素 B_2 含量较低的玉米、豆粕、小麦等，有时经过紫外照射等因素受到破坏。某些药物如氯丙嗪等能拮抗维生素 B_2 的吸收和利用。在低温、应激等条件下对维生素 B_2 的需求增加，正常的添加量不能满足机体需要。胃肠道等消化功能障碍会影响维生素 B_2 的转化和吸收。饲料中脂类含量增加，维生素 B_2 的含量也应适当提高。

【症　状】　本病主要发生于 2 周龄至 1 月龄雏鹅。鹅生长发育受阻，食欲下降，增重缓慢并逐渐消瘦，羽毛松乱无光泽，行动缓慢。病情严重病鹅表现出明显症状，趾爪向内弯曲呈握拳状，瘫痪，多以飞节着地，或两翅伏地以保持平衡，腿部肌肉萎缩，皮肤干燥。有时可见眼睛结膜炎、角膜炎，腹泻。病程后期病鹅多卧地不起，不能行走，脱水，但仍能就近采食，若离料槽、水槽等较远，则可因无法饮食造成虚脱而亡。成年鹅仅表现出生产性能下降。

【病理变化】　发病鹅内脏器官没有明显变化。整个消化道空虚，肠道内有些泡沫状内容物，肠壁变薄，黏膜萎缩。重症病例可见坐骨神经肿大，为正常的 4～5 倍。种鹅缺乏维生素 B_2 可导致出壳后的雏鹅颈部皮下水肿，前期死淘率较高。

【预　防】　保证饲料中补充维生素 B_2，尤其在生长发育阶段和产蛋期，可适当添加酵母粉、干草粉、鱼粉、乳制品和各种新鲜青绿饲料等，或按每千克饲料中添加 10～20 毫克维生素 B_2。

饲料应合理贮存，防止因潮湿、霉变等破坏维生素 B_2。雏鹅出壳后应在饲料或饮水中添加适当的电解多维。

【治　疗】　当鹅群发生该病时，可按每千克饲料添加 10～20 毫克维生素 B_2 粉剂，连用 7～10 天；也可按 1 000 羽雏鹅饮水中加入 500 毫升复合维生素 B 溶液，连用 2～3 天。病情严重的病鹅可按照成年鹅 5 毫克、雏鹅 1～3 毫克肌内注射复合维生素 B 注射液进行治疗，连用 3～5 天。

二十二、泛酸缺乏症

泛酸缺乏症是由泛酸（又称维生素 B_3）缺乏或不足引起的脂肪、糖、蛋白质代谢障碍疾病。临床上多以羽毛发育不良、脱落，皮炎为特征性症状。

【病　因】　泛酸参与体内抗坏血酸的合成，因此，一定量的抗坏血酸可以降低机体对泛酸的需求量。一般全价饲料不易发生泛酸缺乏，但当长时间处于 100℃以上高温、酸性或碱性条件下，极易遭到破坏。某些品种的鹅单一饲喂玉米也极易引起泛酸缺乏。种鹅饲料中维生素 B_{12} 缺乏时，也能够导致泛酸的缺乏。

【症　状】　病鹅表现为羽毛发育不良、粗乱，甚至头部和颈部羽毛脱落。病鹅日渐消瘦，口角、眼睑和肛门周围有局限性小结痂，眼睑常被黏性渗出物粘连而变得狭小，影响病鹅视力。脚趾之间及脚底有小裂口，结痂、水肿或出血。随着裂口的加深，病鹅行走困难，腿部皮肤增厚、粗糙、角质化甚至脱落。骨短粗，甚至发生滑膜炎。雏鹅表现为生长缓慢，病死率较高。成年鹅症状不明显，但种蛋的孵化率明显降低，孵化过程中死胚率增加，胚体皮下水肿和出血。

【病理变化】　剖检可见病鹅口腔内有脓样分泌物，腺胃中有灰白色的渗出物。肝脏肿大，呈浅黄至深黄色。脾脏轻度萎缩。脊髓变性。法氏囊、胸腺和脾脏淋巴细胞坏死和淋巴组织较少。

【防　治】　平时要注意配制饲料，添加富含 B 族维生素的糠麸、酵母、优质干草、豆粕等。

鹅群发病后，可每千克饲料添加 20～30 毫克泛酸钙，连用 2 周，治疗效果较好。注意同时补充维生素 B_{12} 等。个别病鹅可服用或者肌内注射泛酸，每次 10～20 毫克，每天 1～2 次，连用 2～3 天，效果良好。

二十三、胆碱缺乏症

胆碱缺乏症是由胆碱（又称维生素 B_4）缺乏或不足造成的家禽脂肪代谢障碍疾病。

【病　因】　集约化生产中，日粮中能量和脂肪含量较高，鹅采食量下降，使胆碱摄入不足。叶酸或维生素 B_{12} 缺乏也能造成胆碱缺乏。胆碱的需求量主要取决于叶酸和维生素 B_{12} 的供给，两者在动物体内利用蛋氨酸和丝氨酸可以合成胆碱。成年鹅一般不易缺少胆碱，但雏鹅体内胆碱的合成速度不能满足其快速生长发育的需要，应在日粮中适当添加。

【症　状】　该病多发生于雏鹅，成年鹅较少发病。发生胆碱不足时，生长缓慢甚至停滞，表现出明显的胫骨短粗症。发病初期可见跗关节周围有针尖大出血点和肿大，继而胫跗关节由于跗骨的扭曲而变平，跗骨进一步扭曲则会变弯或呈弓形。患腿失去支撑能力，关节软骨严重变形。后期病鹅多跛行，严重者甚至瘫痪。成年鹅出现产蛋下降，且由于饲料中脂类含量较高，不易吸收而造成脂肪肝，治疗不及时可死亡。

【病理变化】　剖检可见肝肿大，色泽变黄，表面有出血点，质脆，有的肝被膜破裂，甚至发生肝破裂，肝表面和体腔中有凝血块。肾脏及其他器官有脂肪浸润和变性。关节扭曲，剖开可见胫骨和跗骨变形、跟腱滑脱等。

【防　治】　鱼粉、动物肝脏、酵母等动物源性和花生饼、豆粕、菜籽饼等植物源性饲料中含有丰富的胆碱，为预防该病，可在饲料中适当添加上述原料，同时在饲料中添加0.1%氯化胆碱。

发病后可在饲料中添加足量甚至2～3倍量的胆碱治疗。发生跟腱滑落的重症病鹅没有治疗价值，应及时淘汰。

二十四、生物素缺乏症

生物素缺乏症是由于生物素缺乏或不足引起机体糖、脂肪和蛋白质三大物质代谢障碍的营养缺乏性疾病。生物素又称维生素H，广泛分布存在于动植物体内，以大豆、豌豆、乳汁和蛋黄中含量较高。生物素主要以辅酶的形式直接或间接参与蛋白质、脂肪和碳水化合物等许多代谢过程。

【病　因】　谷物类中生物素含量较低，饲料主要成分是谷物类饲料，长期使用就容易发生缺乏。家禽肠道微生物能够合成生物素，但不能满足机体的生长发育，应在日粮中适当添加生物素。颗粒饲料在加工过程中经高温挤压，生物素易受到破坏。鹅发生消化道疾病时，对生物素的吸收和利用率降低。长期使用抗生素等造成肠道菌群失调，合成生物素的细菌受到抑制，也能够造成生物素的缺乏。

【症　状】　病鹅食欲减退，羽毛发干、质脆、易折断，生长发育受阻，增重缓慢，蹼、胫、眼角、口角等多处皮肤发炎、角质化、开裂出血并形成结痂。眼睑肿胀，分泌炎性渗出物，造成眼睑粘连而影响视力。种鹅产蛋率没有明显变化，但孵化率降低，胚胎发育不良，形成并趾，不能出壳的胚胎表现为软骨营养不良，体形较小，骨发育不良甚至畸形，胚胎死亡2个高峰期集中在孵化第1周和出壳前3天。雏鹅发生胫骨弯曲，脚部、喙部、眼部、肛门等多处发生皮炎。

该病与泛酸缺乏症极易混淆，但在形成结痂的时间和次序有所差别。泛酸缺乏症病鹅结痂多从嘴角和面部开始，而生物素缺乏症病鹅结痂多从足部开始。

【病理变化】 剖检可见肝脏肿大，脂肪增多，呈淡黄色。肾脏肿大。肌胃和小肠内有褐色内容物。胫骨切面可见密度增高，骨形异常，胫骨中部骨干皮质的正中侧比外侧要厚。

【防 治】 注意补充青绿饲料和动物源性蛋白质饲料，如糠麸、鱼粉、酵母等，可以防止生物素缺乏症。发病后可在每千克饲料中添加 0.1 毫克生物素进行治疗。此外，在治疗疾病时应减少长时间使用磺胺类药物和抗生素药物等。

二十五、烟酸缺乏症

烟酸又名尼克酸，包括烟酸（吡啶 –3– 羧酸）和烟酰胺（动物体内烟酸的主要存在形式）两种物质，均具有烟酸活性。烟酸在能量的生成、储存以及组织生长方面具有重要作用。另外，烟酸对机体脂肪代谢有重要的药理作用。

【病 因】

（1）饲料中长期缺乏色氨酸，使鹅体内烟酸合成减少。由于玉米等谷物类原料含色氨酸量很低，不另外添加即会发生烟酸缺乏症。

（2）长期使用某种抗菌药物，或患有寄生虫病、腹泻、肝脏及胰脏疾病、消化道等功能障碍时，可引起肠道微生物烟酸合成减少。

（3）其他营养物，如日粮中核黄素和吡哆醇的缺乏，也会影响烟酸的合成，造成烟酸需要量的增加。

（4）饲料原料中的结合态烟酸不能通过正常的消化作用而被机体利用。如胃肠道黏膜上皮发生病理变化，导致烟酸吸收率低下。配合饲料中烟酸含量太低。日粮中亮氨酸、精氨酸和甘氨酸过量，就会需要较高含量的烟酸才能保证氨基酸代谢。在应激条件下，需要在日粮中添加高水平的烟酸，否则易发生缺乏。

（5）饲料搅拌过程中混合不匀，饲料运输过程中发生原料相互分离，饲料储存时间过长或者储存条件不当，都会造成烟酸破坏。

【症　状】　病鹅胫跗关节肿大，双腿弯曲，羽毛生长不良，爪和头部出现皮炎。典型的烟酸缺乏症是黑舌病，从 2 周龄开始，病鹅口腔以及食道发炎，生长迟缓，采食量降低。雏鹅缺乏烟酸的主要症状为胫跗关节肿大，胫骨短粗，羽毛蓬乱和皮炎，两腿内弯，骨质坚硬，内弯程度因烟酸缺乏程度而异，行走时，两腿交叉呈模特步。严重时不能行走，导致跛行，直至瘫痪。成年鹅发生缺乏症，其症状为羽毛蓬乱无光甚至脱落。产蛋鹅缺乏烟酸时体重减轻，产蛋量和孵化率下降，可见到足和皮肤有鳞状皮炎。

【病理变化】　剖检可见口腔、食道黏膜表面有炎性渗出物，胃肠充血，十二指肠、胰腺溃疡。产蛋鹅肝脏颜色变黄、易碎，脂肪肝。

【诊　断】　根据症状可做出初步诊断，但应注意鉴别。多种营养素的缺乏都可引起鹅胫跗关节肿大，如胆碱、矿物质中的锰和铜以及常见的钙、磷、维生素 D 的缺乏或不平衡等。烟酸缺乏症的主要症状是胫跗关节肿大，双腿弯曲，胫骨短粗。它与胆碱和锰缺乏的不同之处是跟腱很少从骨踝中滑出。

【防　治】　避免饲料原料单一，尽可能使用富含 B 族维生素的酵母、麦麸、米糠、豆饼、鱼粉等，调整日粮中玉米的比例。

治疗可内服烟酸 1～2 毫克 / 只，3 次 / 天，连用 10～15 天。或在饲料中添加烟酸 30～40 毫克 / 千克，连续饲喂。预防量为在日粮中添加烟酸 20～30 毫克 / 千克。

二十六、维生素 A 缺乏症

维生素 A 缺乏症是由于缺乏维生素 A 引起的疾病。维生素

A可维持视觉、上皮组织和神经系统的正常功能，保护黏膜的完整性。还可以促进食欲和机体消化功能，提高机体对多种传染病和寄生虫病的抵抗力，提高生长率、繁殖力和孵化率。维生素A缺乏表现黏膜、皮肤上皮角质化，发育生长受阻，孵化率降低，多处组织黏膜的完整性破坏。

【病　因】　饲料中维生素A或胡萝卜素的缺乏是该病发生的原发性因素。某些疾病造成机体对维生素A吸收不良。当鹅患有寄生虫等疾病时，可以破坏肠黏膜上的微绒毛，造成机体对维生素A的吸收能力减弱。当胆囊发炎或肠道发炎时也会影响脂肪的吸收，这种情况下维生素A也不能被充分吸收利用，大群亦可发病。饲料中维生素A由于日光暴晒、紫外线照射、湿热、霉变及不饱和脂肪酸、混合饲料贮存时间过久而造成维生素A活性降低或失活。配制日粮误差导致饲料中维生素A的缺乏，大豆中的胡萝卜素氧化酶破坏了维生素A和胡萝卜素。此外，由于维生素A、维生素E有协同作用，当维生素E缺乏或受到破坏时，维生素A也易受到破坏。

【症　状】　雏鹅维生素A缺乏时，表现严重的生长发育受阻，体重增加缓慢，甚至不再增长。病鹅精神不振，食欲减退，羽毛松乱，鼻腔流出黏液性鼻液，久之形成干酪样物质堵塞鼻腔造成呼吸困难；骨骼发育障碍，两腿变软，瘫痪；喙部和腿部黄色素变淡；眼结膜充血、流泪，眼内和眼睑下积有黄白色干酪样物质，造成角膜浑浊，继而角膜穿孔和眼房液流出，最后眼球内陷，失明，直至死亡。成年鹅维生素A缺乏时多呈慢性经过，抵抗力下降，易继发其他疾病。母鹅产蛋量明显下降，蛋黄颜色变淡，孵化率降低，死胚增加，弱雏较多。公鹅性功能减退。

【病理变化】　以消化道黏膜上皮角质化为特征性病变。鼻腔、口腔、咽、食道黏膜表面可见一种白色小结节，数量较多，不易剥落。随着病程的发展，结节变大并逐渐融合成一层灰白色的假膜覆盖于黏膜表面，剥离后不出血，黏膜变薄，光滑，呈苍白色。在食道黏膜溃疡灶附近有炎性渗出物。肾脏呈灰白色，肾小管充满白色尿酸盐，输尿管扩张，管内积有白色尿酸盐沉淀物。

【预　防】　首先要保证日粮中有足够的维生素 A 和胡萝卜素含量，可适当添加青绿饲料、胡萝卜、黄玉米等，必要时可在饲料中加入鱼肝油或维生素 A 等添加剂。谷物饲料不宜过久贮存，以免胡萝卜素受到破坏，维生素 A 等添加剂不宜过早拌料，拌料后应尽快使用。

【治　疗】　发病鹅群按每千克饲料添加 8 000～15 000 单位维生素 A，每天 3 次，连用 2 周，由于维生素 A 在机体内吸收很快，疗效显著。还可以按每千克饲料添加 2～4 毫升鱼肝油，拌料并立即饲喂，连用 7～10 天。病情严重者，雏鹅按 0.5 毫升 / 羽，成年鹅按 1～1.5 毫升 / 羽肌内注射维生素 A，或者分 3 次内服使用，效果较好。种鹅在缺乏维生素 A 时，通过及时治疗，在 1 个月左右即可恢复生产性能。

二十七、维生素 D 缺乏症

维生素 D 缺乏症病鹅钙、磷吸收和代谢障碍，骨骼、蛋壳形成受阻，导致雏鹅出现佝偻病和缺钙症状为特征的营养缺乏症。

维生素 D 在鱼肝油中含量较丰富，在动物肝脏和禽蛋中含量亦较多。青绿饲料中的麦角化醇经紫外线照射可形成维生素 D_2，阳光暴晒的干草可以作为补充维生素 D 的来源。此外，动物皮肤和脂肪组织中合成 7- 脱氢胆固醇，在紫外线照射下可转变成维生素 D_3。一般情况下，饲料中不需要特别补充维生素 D，舍养肉鹅等由于没有日光照射，饲料中需补充一定量的维生素 D。

【病　因】　造成维生素 D 缺乏的原因较多。①饲料中维生素 D 的含量低。②日粮中钙磷比例不当，饲料中的钙磷比例以 2 : 1 为最佳，比例不当时会增加维生素 D 的需求量。③鹅舍日光照射不足。雏鹅每日有 11～45 分钟日晒就可防止佝偻病的发生，若日照不足，易造成维生素 D 的缺乏。④机体发生某些疾病，造成消化功能障碍或肾损伤，脂肪性腹泻等也会发生该病。此外，当鹅群发生霉菌毒素中毒时，对维生素 D 的需求量会大大增加。

【症　状】雏鹅发生该病多在 1 周龄左右，表现为生长停滞，发育不良，体弱消瘦，羽毛松乱，两腿无力，喙部和腿部颜色变淡。骨骼软，易变形，常导致佝偻病，行走摇摆，以飞节着地，直至瘫痪，不能行走。产蛋鹅缺乏维生素 D 时，初期薄壳蛋、软壳蛋，蛋壳多孔隙、不致密，随后产蛋量下降甚至停产。种蛋孵化率降低。弱雏增多，严重者胸骨变形、弯曲，行走困难甚至瘫痪。长骨由于脱钙而质脆，易骨折。

【病理变化】雏鹅股骨、胫骨的骨质薄而软，跗关节骨端粗大。喙部和胸骨变软，肋骨、胸骨与脊椎结合处内陷，肋骨沿胸廓向内呈弧形凹陷。肋骨和脊椎连接处呈现串珠样肿大。

【防　治】预防该病主要通过补充日粮中维生素 D 的含量或增加机体的合成。种鹅和肉鹅可在饲料中添加鱼肝油、糠麸等，同时要保证充足的光照时间。舍养的肉鹅应在饲料中添加维生素 D，按每次饲喂 500 单位，每天 1～2 次，连用 2 天，或每 500 千克饲料中加入 250 克维生素 AD 粉，连用 7～10 天。保证饲料中合理的钙、磷比例和含量。

患病鹅应单独饲养，以防止踩踏造成死亡。对于重症病鹅，可口服鱼肝油，每次 2～3 滴，每天 3 次，成年鹅可肌内注射维生素 A-D 注射液 0.25～0.5 毫升或维丁胶性钙注射液 0.5 毫升，治疗效果较好。

二十八、维生素 E 缺乏症

维生素 E 缺乏症是以脑软化症、渗出性素质、白肌病和繁殖障碍为特征的营养缺乏性疾病。维生素 E 不稳定，易被氧化分解，在饲料中可被矿物质和不饱和脂肪酸氧化而失活；与鱼肝油的混合物也可因氧化而失活。植物种子的胚乳含有较为丰富的维生素 E，动物的内脏和肌肉中也含有一定量的维生素 E。维生素 E 具有抗氧化作用，防止细胞膜的过氧化；促进毛细血管及小血管增生的功能，改善动脉循环及减少血栓的形成；调节性腺的发育和功能，维持正常的生殖功能，促进精子的生成和活动，也可促进卵巢的发育；抑制透明质酸酶的活性，保持细胞间质正常的通透性，缺乏时可造成组织发生水肿。

【病　因】　饲料中维生素 E 含量不足，在配制或加工不当的情况下，造成饲料中维生素 E 被氧化破坏。矿物质、多不饱和脂肪酸、酵母、硫酸铵制剂等拮抗物质刺激脂肪过氧化，制粒工艺不当，人工干燥温度过高，饲料储存时间过久等也会破坏维生素 E。肝、胆功能障碍或蛋白质缺乏，会影响机体对维生素 E 的吸收。饲料中含有盐类或碱性物质，对维生素 E 有破坏作用，硒的含量不足也会导致该病的发生。

【症　状】　根据临床症状不同可分为 3 类。

1. 脑软化症　多因微量元素硒和维生素 E 同时缺乏引起。以神经功能紊乱为主，多发生于 1 周龄雏鹅。主要表现为运动失调，步态不稳，食欲减退，头向一侧倒或后方仰，角弓反张，两腿痉挛，无目的奔跑或转圈，最终衰竭而死亡。

2. 渗出性素质　常见于 2～6 周龄雏鹅。表现为羽毛粗乱，生长发育不良，精神不振，食欲减退，颈、胸部皮下水肿，腹部皮下有大量积液甚至水肿，呈淡紫色或淡绿色，与葡萄球菌感染相似。

3. 肌营养不良　多发生于青年或成年鹅，病鹅消瘦、无力，运动失调。胸肌、腿肌等部位贫血而发白。产蛋鹅产蛋量下降，孵化率降低，胚胎死亡。维生素 E-硒缺乏时，孵化出的鹅小脑部骨骼闭合不全，脑呈暴露状态。

【病理变化】 脑软化症病鹅剖检可见小脑发生软化和肿胀，脑膜水肿，有时可见出血斑，常有散在的出血点。严重病例可见小脑质软变形，切开流出糜状液体。渗出性素质病鹅可见腹部皮下积有大量液体，呈淡蓝色，胸部和腿部肌肉、胸壁有出血斑，心包积液、扩张。白肌病病鹅可见骨骼肌特别是腿肌、胸肌和心肌、肌胃等因营养不良呈苍白色，有灰色条纹。种公鹅生殖器官退化。

【防　治】 注意饲料的正确加工和贮存，适当添加新鲜的青绿饲料。在饲料中增加维生素 E 的剂量，每吨饲料中添加 0.05～1 克硒＋维生素 E 粉或 0.2～0.25 克亚硒酸钠，还应增加含硫氨基酸的含量。

对于病情严重的病例，按每只 2.5 毫克肌内注射或 2～3 毫克口服维生素 E，连用 3 天可治愈。在饮水中加入 0.005% 亚硒酸钠－维生素 E 注射液效果较好。

二十九、脂肪肝综合征

脂肪肝综合征是指鹅体内脂肪代谢障碍，大量脂肪沉积于肝脏，造成肝脏发生脂肪变性的一种疾病。本病多发生于冬季和早春季节，多见于肉用雏鹅和蛋鹅。临床上以个体肥胖、产蛋量下降，个别肝脏破裂并出血为特征。

【病　因】 该病的发生是由多方面因素引起的。饲料单一，长期饲喂高能量低蛋白日粮，是本病发生的主要因素，尤其是养鹅过程中，为了降低饲料成本，单用谷物或玉米饲喂，低蛋白的饲料造成产蛋减少，形成卵磷脂减少，但合成脂肪速度不变，高能的碳水化合物加速乙酰辅酶向脂肪转化，脂肪积存在肝脏中无法转运，逐渐形成脂肪肝。缺乏运动也可以导致脂肪在体内沉积而发生该病。育雏温度偏低、鹅舍潮湿、饮水不足、气温过高、应激因素、霉菌毒素以及长期使用抗生素也可以形成脂肪肝。饲料中钙不足导致产蛋鹅产蛋量下降，而采食量不变，摄入营养物质转变为脂肪积存在肝脏中，导致脂肪肝的发生。

【症　状】　肥育期鹅和产蛋高峰期的鹅易发生该病。病鹅体况较好，较为肥壮，突然死亡。蛋（种）鹅产蛋量显著下降，并出现突然死亡的情况。

【病理变化】　病鹅皮下脂肪较厚，贫血，皮肤、肌肉色淡苍白，腹腔、肠系膜以及直肠周围积有大量脂肪。肝脏肿大，呈黄褐色脂肪变性，质脆，触之易碎，表面散在出血点和白色坏死灶，严重者破裂，腹腔内有大量凝血块或肝脏表面布有一层出血厚膜。

【防　治】　合理配制日粮，增加蛋白质含量，降低碳水化合物成分。加强饲养管理，合理储存饲料，防止霉变，饲料中适当添加多种维生素和微量元素。保证合理的鹅舍温度、湿度，适当增加种鹅的活动量，减少应激因素的刺激。及时补充氯化胆碱和蛋氨酸等，每吨饲料中加入氯化胆碱300克。

三十、锰缺乏症

锰缺乏症又称滑腱症或骨短粗症，以腿部骨骼生长畸形、腓肠肌腱向关节一侧脱出而引起雏鹅腿部疾病，如胫跗关节变粗，腿部弯曲呈"O"形或"X"形。锰遍布全身，在骨、肝、胰和肾中含量较高，骨中含锰约为体内总量的1/4，还参与体内多种物质的代谢活动。锰是正常骨骼形成的必需元素。锰是多种酶类的组成成分或激活剂，参与三大物质代谢，促进机体的生长、发育和提高繁殖能力。

【病　因】　该病的发生与环境、营养因素和饲养管理有关。某些地区土壤中缺锰，在这些土壤中生长的植物锰含量较低，导致鹅发生该病。日粮中烟酸缺乏或钙磷比例失调，会影响机体对锰的吸收利用，造成机体吸收利用的可溶性锰含量不足。此外，当家禽患慢性胃肠道疾病时，也会造成肠道对锰吸收利用的能力减弱。

【症　状】　病鹅生长发育受阻，跗关节变粗且宽，两腿弯曲呈扁平，胫骨下端与跖骨上端向外扭曲，长骨短而粗，腓肠肌腱从踝部滑落。腿垂直外翻，不能站立，行走困难。种鹅产蛋量下降，蛋壳硬度降低，孵化率也降低。胚胎多发育异常，孵出的雏鹅骨骼发育迟缓，腿短粗，两翅较硬，头圆似球形，上下喙不成比例而呈鹦鹉嘴状，腹部膨大、突出。

【病理变化】　跗跖骨短粗，近端粗大变宽，胫跖骨、腓肠肌腱移位甚至滑脱移向关节内侧。跗跖骨关节处皮下有一层白色的结缔组织，因关节长期着地而造成该处皮肤变厚、粗糙。关节腔内有脓性液体流出，局部关节肿胀。

【防　治】　饲喂营养全价饲料，特别是含锰、胆碱和 B 族维生素的饲料。保证饲料中蛋白质和氨基酸的比例，多喂新鲜青绿饲料，保持合理的钙磷比例。

对轻症病例可用 1∶20 000 高锰酸钾溶液饮水，连用 2 天，间歇 2～3 天后，再饮 2 天。对于骨骼扭转变形等病情严重的病鹅应及时淘汰。

三十一、黄曲霉毒素中毒

黄曲霉毒素主要由黄曲霉、寄生曲霉产生的，对人、畜、禽都有很强的毒性。黄曲霉菌在自然界广泛存在，玉米、花生、水稻、小麦等农作物都很容易滋生；豆饼、棉籽饼和麸皮等饲料原料也可以被黄曲霉菌污染，发生霉变。鹅中毒就是由于采食了大量含有黄曲霉毒素的饲料和农副产品而导致的。

【症　状】　中毒后的症状在很大程度上取决于鹅的年龄及摄入的毒素量。雏鹅对黄曲霉毒素最敏感，中毒多呈急性经过。主要表现为精神沉郁，食欲不振甚至废绝，排白色稀便，生长不良，衰弱，步态不稳，共济失调，腿麻痹或跛行。严重的腿部皮肤呈紫黑色，死前角弓反张，死亡率较高。

成年鹅发病呈慢性经过，症状不明显，主要表现食欲减少，消瘦，贫血，产蛋量下降，蛋小，孵化率降低。

【病理变化】　本病的特征性病变在肝脏。急性中毒者肝脏肿大，颜色变淡，弥漫性出血和坏死；胆囊扩张，肾脏苍白和出血；十二指肠出现卡他性或出血性炎症；胸部皮下和肌肉有时出血。腺胃出血，肌胃呈褐色糜烂。亚急性和慢性中毒者，肝脏缩小，颜色变黄，质地坚硬，常有白色点状或结节状增生病灶。病程长达 1 年以上者，肝脏中可能出现肝肿瘤或结节。

【诊　断】　首先调查病史，检查饲料品质与霉变情况，然后结合症状、病理变化等做出初步诊断。确诊需做黄曲霉毒素的测定。

【预　防】　防止饲料发霉是预防本病的最根本性措施。收获时要充分晒干，放置于通风干燥处，切勿放置于阴暗潮湿处。为防止饲料在贮存过程中发生霉变，可用化学熏蒸法，如选用环氧乙烷等熏蒸剂；或在饲料中添加防霉剂，如在饲料中加入 0.3% 丙酸钠或丙酸钙；也可用制霉菌素等防霉制剂。若场地已被污染，可用甲醛熏蒸消毒或环氧乙烷喷洒消毒。

【治　疗】　目前本病尚无特效解毒药物，发现中毒要立即更换新鲜饲料，饮用 5% 葡萄糖水，可在饮水中加入维生素 C。也可以服用轻泻剂，促进肠道毒素的排出。

三十二、肉毒梭菌毒素中毒

肉毒梭菌毒素中毒是一种食物中毒病，是由于摄入了肉毒梭菌产生的毒素引起的，主要表现为运动神经麻痹和迅速死亡。家禽常发生，尤其是鸭、鹅、鸡等。

【病　因】　本病的病原是肉毒梭菌产生的外毒素，具有很强的毒性，对人和畜禽均具有高度的致病性，是已知的细菌毒素中毒力最强的一种。该毒素摄入后，胃液 24 小时内不能将其毒力破坏，可以被胃肠吸收发挥其毒性作用。肉毒梭菌毒素具有较强的耐热性，80℃ 30分钟或100℃ 10分钟才能将其毒性完全破坏。根据毒素抗原性的不同，该毒素可分为A、B、C_α、C_β、D、E、F、G型，与家禽致病有关的主要是A型和C型，其中C型毒力最强、分布最广，A型见于北美洲和南美的山区。

肉毒梭菌是一种厌氧的革兰氏阳性芽孢杆菌，在自然界广泛分布，细菌本身不会引起家禽发病，但在厌氧条件下，能产生强烈的外毒素，能致家禽发病。

【症　状】　本病潜伏期的长短取决于摄入毒素的量。一般情况下，鹅摄入含毒饲料后几小时至1～2天内发病，症状的出现一般经两个阶段。第一阶段，病鹅精神萎靡、嗜睡，两腿无力，站立不稳、行动困难，并逐渐发展为不能站立，如果强迫下水，则只能漂浮，张口伸颈呼吸；随着病情的发展，颈、翅神经麻痹，头颈向前伸直，无力地贴在地面上，故该病又称"软颈病"。第二阶段，病鹅全身瘫痪，羽毛松乱，呼吸慢而深，下痢，排出绿色稀粪，泄殖腔常常外翻。

重症病例一般几小时内死亡。若吞食少量肉毒梭菌毒素，可耐过，若给予良好护理，2～3天内可恢复。

【病理变化】　该病缺乏特征性的病理变化。主要引起肠道充血、出血，尤其是十二指肠较为严重，有些病例胃黏膜脱落。其他器官的病变无特征性。

【诊　断】　根据症状并结合采食情况综合判断。同时调查鹅群是否接触腐败的植物、死亡动物、被污染的水源等，必要时可进行毒素检验。

【预　防】　搞好环境卫生，避免饲喂腐败的食物及与腐败动物接触过的饲料。

【治　疗】　可应用C型肉毒梭菌抗毒素，肌内或腹腔注射，每只成年鹅注射2～4毫升；也可用轻泻剂，如10%硫酸镁灌服。

三十三、亚硝酸盐中毒

亚硝酸盐中毒是食入了含亚硝酸盐的饲料而引起的中毒，人和畜禽均可发生。主要表现为呼吸困难、可视黏膜发绀；特征性病理变化为血液凝固不良、呈酱油色。

【病　因】　富含硝酸盐的饲料（如萝卜、马铃薯等块茎类，大白菜、油菜、菠菜，各种牧草、野草等）保存不当，堆放过久，特别是经过雨淋日晒，易腐败发酵，在硝酸盐还原菌的作用下，生成亚硝酸盐，一旦被摄食吸收会引起血液输氧功能障碍。饲料加工调制处理不当，如蒸煮青绿饲料时，蒸煮不透、不熟，或煮后放在锅里加盖闷着，可使饲料中的硝酸盐转变成亚硝酸盐。饮用硝酸盐含量过高的水也是引起鹅亚硝酸盐中毒的原因之一，施过氮肥的农田、垃圾堆附近的水源，常含有较高浓度的硝酸盐。

【症　状】　亚硝酸盐中毒多为急性发病。病鹅表现精神不安，不停跑动，步态不稳，驱赶时跛行，多因呼吸困难窒息死亡。病程稍长的病例，常表现口渴，食欲减退，口流淡黄色涎水，粪便呈淡绿色、稀薄恶臭，呼吸困难，可视黏膜和胸、腹部皮肤发绀。大多数病例体温下降，双翅下垂，腿肌无力，最后发生麻痹痉挛，衰竭而死。

【病理变化】　病鹅的血液呈酱油色、凝固不良。肝、肾和脾等器官均呈黑紫色，切面淤血。气管、支气管充满白色或淡红色泡沫样液体。肺气肿明显，伴发淤血、水肿。胃、小肠黏膜出血，肠系膜血管充血。心外膜出血，心肌变性坏死。

【诊　断】　根据病鹅采食的饲料（含硝酸盐多），结合呼吸困难、可视黏膜和皮肤发绀、血液呈酱油色等症状和病理变化，可做出初步诊断。确诊需取胃内容物、血液进行亚硝酸盐检验。

【预　防】　禁止饲喂腐败、变质、发霉和堆放时间过长的青绿饲料；青饲料如需蒸煮，应边煮边搅拌，煮透、煮熟后应立即取出，并充分搅拌，让其快速冷却。不要饮用硝酸盐含量过高的水。

【治　疗】　立即停用含有亚硝酸盐的饲料，更换新鲜饲料和饮水。美蓝（亚甲蓝）是亚硝酸盐中毒的特效解毒药。中毒者可按 0.4 毫克 / 千克体重肌内注射美蓝注射液；口服 5% 葡萄糖加维生素 C，连用 3～5 天。一般治疗后 5 天症状减轻，1 周后恢复。

三十四、食盐中毒

食盐是家禽日粮中必需的营养成分，适量摄入，具有增进食欲、增强消化、维持体液渗透压和酸碱平衡等作用。但日粮中食盐含量过高或同时饮水不足，则会引起中毒。本病的症状主要表现为神经症状和消化功能紊乱，病理变化以消化道炎症、脑组织水肿、变性为特征。

【病　因】　正常情况下，日粮中食盐的添加量应为 0.25%～0.5%，若食盐添加量达到 3% 或鹅摄取的食盐量超过 3.5～4.5克 / 千克体重时，就会发生中毒。添加食盐后，拌料不均匀，也会造成部分鹅因摄入过多食盐而中毒。配料时所用的鱼干或鱼粉含盐量过高。鱼粉中通常含有 3%～10% 食盐，不同来源鱼粉的食盐含量有所不同，不检测即使用，有时可引起中毒。超剂量使用口服补液盐，特别是在缺水口渴时饮用口服补液盐也会引起中毒。饮水中含盐量高，可引起食盐中毒。饲料中维生素 E、钙、镁和含硫氨基酸缺乏，可使鹅对食盐敏感性增高，易发生中毒。

【症　状】　中毒轻的病例主要表现口渴、饮水量异常增多，食欲减退，精神萎靡，生长发育缓慢。严重中毒病例典型症状是极度口渴、狂饮不止、不离水盆，食欲废绝，稍低头，口、鼻即流出大量黏液，食管膨大部胀大，腹泻、排水样粪便；病鹅精神沉郁，运动失调，步态蹒跚，甚至瘫痪；发病后期，呼吸困难，最终昏迷、衰竭死亡。

雏鹅中毒后，发病急、死亡快，常表现神经症状，不断鸣叫，无目的冲撞，头仰向后方，两脚蹬踏，胸腹朝天，两腿做游泳状摆动，最终麻痹死亡。

【病理变化】 病变主要在消化道，消化道黏膜出现出血性卡他性炎症。食管膨大部充满黏液，黏膜脱落；腺胃黏膜充血，表面有时形成假膜；肌胃轻度充血、出血；小肠黏膜充血，有出血点；腹腔和心包积液，心外膜有出血点；肺充血、水肿；脑膜血管充血，有针尖大出血点；脑膜充血或有出血点；皮下水肿，呈胶冻样。

【诊 断】 根据饲喂及饮水史、分析饲料配方的组成，结合症状和剖检变化做出初步诊断。

【预 防】 调制饲料时，严格控制饲料中食盐的含量，不能过量，而且要混合均匀，特别是雏鹅，应严格添加。在日粮中使用鱼粉时，应确定其食盐含量，不要使用劣质掺盐鱼粉。

【治 疗】

（1）发现中毒后立即停用含盐饲料，改喂无盐饲料。

（2）中毒较轻的病例要供给充足的新鲜饮水，饮水中可加3%葡萄糖，一般会逐渐恢复。

（3）严重中毒的病例要控制饮水量，采用间断给水，每小时饮水10～20分钟。如果一次大量饮水，反而使症状加剧，诱发脑水肿，加快死亡。饮水中可加3%葡萄糖、0.5%醋酸钾和适量维生素C，连用3～4天。

三十五、聚醚类药物中毒

聚醚类药是广谱高效抗球虫药，主要包括莫能菌素、盐霉素、拉沙里菌素、马杜拉霉素等抗生素。鹅摄入该类抗生素过量，会引起导致体内阳离子代谢出现障碍而导致中毒。

【病　因】　药量过大或重复用药或饲料混合不均匀导致发生中毒。

【症　状】　中毒较轻的病例表现精神沉郁，食欲降低，饮欲增强，羽毛蓬乱，腿软无力、走路不稳、喜卧，有的出现瘫痪，两腿向外侧伸展，爪、皮肤干燥，呈暗红色，排水样粪便。重症病例表现突然死亡或者食欲废绝，羽毛蓬乱，出现神经症状，如颈部扭曲、双翅下垂，或两腿后伸、伏地不起，或兴奋不安、乱跳。有的中毒鹅出现脚爪痉挛内收，面部发绀。

【病理变化】　肠道黏膜充血、出血，尤以十二指肠严重。肌胃角质层容易剥离，肌层有出血。肾脏肿大、淤血。肝脏肿大、表面有出血点。心冠脂肪有出血点，心外膜上有纤维素性斑块。腿部及背部肌肉苍白、萎缩。

【诊　断】　根据中毒鹅的用药情况，结合临床症状、病理剖检变化来进行综合诊断。

【预　防】　严格按规定的药物剂量用药，拌料时要均匀，同时避免多种聚醚类抗生素联合使用。

【治　疗】　发现中毒应立即停用含聚醚类抗生素的饲料，更换新饲料。用电解多维和5%葡萄糖溶液饮水。

三十六、喹诺酮类药物中毒

喹诺酮类药物是一类高效、广谱、低毒的抗菌药物，在治疗中已经成为感染性疾病的首先药物，对沙门菌病、大肠杆菌病、巴氏杆菌病、支原体感染、葡萄球菌病等均具有很好的疗效。目前临床上常用的有诺氟沙星、氧氟沙星、环丙沙星等。喹诺酮类药物用量过大会导致中毒，中毒表现的神经症状及骨骼发育障碍与氟有关。

【症　状】　中毒鹅表现精神沉郁，羽毛松乱，缩颈，眼睛半开半闭，呈昏睡状态，采食及饮水均下降，不愿走动，常常卧地，多侧瘫，喙、爪、肋骨柔软，易弯曲，不易折断，排石灰渣样稀粪，有时略带绿色。

【病理变化】 肌胃角质层、腺胃与肌胃交界处出血溃疡，腺胃内有黏性液体。肠黏膜脱落、出血。肝淤血、肿胀、出血。肾脏肿胀，呈暗红色，并有出血斑点；脑组织充血、水肿。

【治　疗】 发现中毒应立即停用含喹诺酮类药物的饲料或饮水，更换新饲料或饮水。中毒鹅用电解多维和 5% 葡萄糖溶液饮水，也可经口滴服。

三十七、氨气中毒

氨气中毒常发生于冬春季节，由于天气寒冷，为了保暖鹅舍缺乏通风，导致舍内氨气浓度过高而发生中毒。鹅发生氨气中毒主要表现为眼睛红肿、流泪，呼吸困难，中枢神经系统麻痹，最后窒息死亡。

【病　因】 鹅舍卫生不佳，在鹅舍温度较高、湿度较大时，垫料、粪便以及混入其中的饲料等的有机物在微生物的作用下发酵产生氨气。如果通风不良，会造成氨气等有害气体的大量蓄积，导致中毒。

【症　状】 病鹅结膜红肿，畏光，流泪，眼有分泌物。严重病例眼睑肿胀，角膜浑浊，两眼闭合，并有黏性分泌物，视力逐渐消失。鼻孔流出黏液，咳嗽，呼吸困难，伸颈张口呼吸。

【病理变化】 眼结膜充血、潮红，角膜浑浊、坏死，常与周围组织粘连，不易剥离。气管、支气管黏膜充血、潮红，并有大量黏性分泌物。

【诊　断】 通过病史调查，结合鹅舍内有强烈的氨味，以及群发症状和剖检变化即可诊断。

【预　防】 加强鹅舍的卫生管理，及时清扫粪便、污物，更换垫料，保持舍内卫生清洁、干燥。鹅舍要安装良好的通风设备，定时通风，保证舍内空气新鲜。定期消毒，可进行带鹅喷雾消毒，便于杀灭或减少鹅体表或舍内空气中的微生物，防止粪便的分解，避免氨气的产生。

【治　疗】　一旦发现鹅出现症状，应立即开启门窗、排气扇等通风，同时清除粪便、杂物，必要时将病鹅转移至空气新鲜处。同时使用强力霉素、环丙沙星等抗生素以防止继发感染。眼部出现病变的鹅可以采用 1% 硼酸水溶液洗眼，然后用红霉素药水点眼，有较好的疗效。

三十八、氟 中 毒

氟是家禽生长发育必需的一种微量元素，参与机体的正常代谢。适量的氟可促进骨骼的钙化，但食入过量会引起一系列毒副作用，主要表现为关节肿大，腿畸形，运动障碍，种鹅产蛋率、受精率和孵化率下降等。

【病　因】　若自然环境中的水、土壤中氟含量过高，会引起人及畜禽中毒。磷酸氢钙是目前饲料生产中用量最大的磷补充剂之一，但大多数磷矿石中含有较高水平的氟，若不经脱氟处理，则含氟量会很高，添加到配合饲料中将对家禽产生较大危害。工业污染、高氟地区的牧草和饮水也可造成氟中毒。

【症　状】　发病率和死亡率与饲料含氟量、饲喂时间以及家禽日龄密切相关。急性中毒病例一般较少见，若一次摄入大量氟化物，可立即与胃酸作用产生氢氟酸，强烈刺激胃肠，引发胃肠炎。氟被胃肠吸收后迅速与血浆中钙离子结合形成氟化钙，导致出现低钙血症，表现呼吸困难、肌肉震颤、抽搐、虚脱、血凝障碍，一般几小时内即可死亡。

生产上一般多见慢性氟中毒病例，行走时双脚叉开，呈"八"字脚。跗关节肿大，严重的可出现跛行或瘫痪，腹泻，蹼干燥，有的因腹泻、痉挛，最后倒地不起，衰竭死亡。

产蛋鹅出现症状比较缓，采食高氟饲料 6～10 天或更长时间才会出现产蛋率下降。砂壳蛋、畸形蛋、破壳蛋增多。

【病理变化】 急性氟中毒病例，主要表现急性胃肠炎，严重的出现出血性胃肠炎，胃肠黏膜潮红、肿胀并有斑点状出血；心、肝、肾等脏器淤血、出血。慢性氟中毒病例，表现幼鹅消瘦，长骨和肋骨较柔软，喙质软。有的鹅出现心、肝、脂肪变性，肾脏肿胀，输尿管有尿酸盐沉积。

【诊　断】 开展病史调查，对磷酸氢钙的来源、质量进行调查，检查饲料氟含量是否超标，结合症状、剖检变化做出诊断。

【预　防】 保证饲料原料的质量，使用含氟量符合标准的磷酸氢钙。在饲料中添加植酸酶，减少无机磷的使用量，降低饲料中氟含量。

【治　疗】 目前对氟中毒无特效解毒药。发现中毒，立即停用含氟高的饲料，换用符合标准的饲料。在饲料中添加硫酸铝800 毫克 / 千克，减轻氟中毒。在饲料中添加鱼肝油和多种维生素，同时在饲料中添加 1%～2% 骨粉和乳酸钙。

三十九、中　暑

中暑又称热应激，是鹅在高温环境下，由于体温调节及生理功能紊乱而发生的一系列异常反应，生产性能下降，严重者导致热休克或死亡。中暑多发生于夏秋高温季节，尤其是集约化养殖场多发生。

【病　因】 夏季气温过高，阳光的照射产生了大量的辐射热，热量大量进入鹅舍导致鹅舍温度升高。鹅饲养密度过大，导致鹅舍通风不良，拥挤，饮水供应不足，空气湿度过高等，均会导致舍内温度升高，引起中暑。

【症　状】 病初病鹅呼吸急促，张口喘气，翅膀张开下垂，体温升高，食欲下降，饮水增加，严重者不饮水。产蛋鹅产蛋量下降，产薄壳蛋、脆壳蛋。生长期鹅类生长发育受阻。环境温度进一步升高时，鹅持续性喘息，食欲废绝，饮欲亢进，排水便，不能站立，痉挛倒地，虚脱而死。

【病理变化】 血液凝固不良。肺脏淤血、水肿，胸膜、心包膜、肠黏膜淤血。脑膜有出血点，脑组织水肿。心冠脂肪出血。

【诊　断】 根据发病季节、症状及病变可做出诊断。

【预　防】 鹅舍要设置湿帘，降低温度。气温很高时可以采用喷雾降温，也可用井水配消毒药喷洒降温。搞好鹅舍周围的绿化，适当种植树木、草坪。炎热的夏秋季节，可适当降低饲养密度，改变饲喂制度，改白天饲喂为早晚饲喂。适当调整饲料配比，减少脂肪含量，多喂青饲料。适当增加维生素的供应，并供给足够的饮水。日粮中可添加抗热应激添加剂，如维生素 C，每千克饲料加入 200～400 毫克；也可使用氯化钾，每千克饲料可添加 3～5 克或每升水添加 1.5～3 克。

【治　疗】 一旦发现中暑，应立即进行急救。将病鹅转移至通风阴凉处，对其用水喷雾或浸湿体表，促进病鹅的恢复。

四十、啄　癖

啄癖是养鹅生产中经常发生的一种疾病，常见的有啄肛癖、啄趾癖、啄羽癖、啄头癖和啄蛋癖等。啄癖常导致出现外伤，引起死亡或胴体质量降低，产蛋量减少等。

【病　因】 引发啄癖的原因有很多，主要有以下几个方面：舍内光照过强，饲养密度过大，通风不良，采食、饮水不足，皮肤有外伤或外寄生虫寄生，饲料中食盐、矿物质或含硫氨基酸（蛋氨酸、胱氨酸）不足。

【症　状】

1. 啄肛癖 多发生在产蛋鹅，产蛋后由于泄殖腔不能及时收缩回去而留露在体外，造成啄肛。

2. 啄羽癖 幼龄鹅在生长新羽毛或换小毛时容易发生，产蛋鹅在换羽期也可发生。

3. 啄趾癖 引起出血或跛行症状。

4. 啄蛋癖 由饲料中钙或蛋白质含量不足所致。

【预　防】 加强饲养管理，定时供料、供水。饲养密度要适宜，保持鹅舍良好的通风。光照适宜，避免强光的刺激，供给全价日粮，尤其是注意添加适量的各种必需氨基酸、维生素和微量元素等。检查并调整日粮配方，找出缺乏的营养成分并及时补给。若蛋白质和氨基酸不足，则添加鱼粉、豆饼等；若缺盐，则在日粮中添加2%食盐，保证充足的饮水，啄癖消失后，食盐添加量保持正常；若为缺硫，则在饲料中添加0.1%蛋氨酸。

【治　疗】 有啄癖的鹅和被啄伤的病鹅应及时挑出，隔离饲养、治疗或淘汰。被啄的伤口可以涂布特殊气味的药物，如鱼石脂、松节油、碘酊等。

四十一、肌胃糜烂症

肌胃糜烂症又称肌胃角质层炎，是由于饲喂过量的鱼粉而引起的一种消化道疾病。主要特征是肌胃出现糜烂、溃疡，甚至穿孔。

【病　因】 本病发病的主要原因是饲料中添加的鱼粉量过大或质量低劣。鱼粉在加工、储存过程中，会产生或污染一些有害物质，如组胺、溃疡素以及细菌、霉菌毒素等。这些有害成分能使胃酸分泌亢进，引起肌胃糜烂和溃疡。有些鱼粉厂在生产的鱼粉中添加尿素、羽毛粉、棉仁粉、皮革粉等，使用后会对消化道产生严重刺激，继而诱发肌胃糜烂症。

【症　状】 病鹅主要表现精神沉郁，食欲下降，闭眼缩颈，羽毛松乱，嗜睡。倒提病鹅，口中流出黑褐色如酱油样液体，腹泻，排褐色或棕色软粪便。病情严重者迅速死亡，病程较长者出现渐进性消瘦，最后衰竭死亡。

【病理变化】 腺胃、肌胃中有黑色内容物；腺胃松弛，用刀刮时流出褐色黏液；肌胃角质层呈黑色，胶质膜糜烂；腺胃与肌胃交界处胶质膜糜烂、溃疡，严重者腺胃、肌胃穿孔，流出暗黑色黏稠的液体。肠道中充满黑色内容物，肠黏膜出血。

【诊　断】 根据发病特点、临床症状及剖检变化，同时结合饲料分析鱼粉的含量、来源等，进行综合判断。

【预　防】 在饲养中添加优质鱼粉，严格控制日粮中鱼粉的含量，严禁使用劣质鱼粉。在饲养管理中应密切观察鹅生长情况，若出现呕吐症状，应及时更换鱼粉。避免鹅群受密度过大、空气污染、饥饿、摄入发霉饲料等诱因的刺激。

【治　疗】 发病鹅应立即停喂含有劣质鱼粉的饲料，更换优质鱼粉。可在饮水中添加 0.2% 碳酸氢钠，连用 3 天，饲料中可以添加维生素 K_3 3～8 毫克 / 千克和 0.01% 环丙沙星，效果良好。

参考文献

［1］王宝维. 中国鹅业［M］. 济南：山东科学技术出版社，2009.

［2］王来有. 鹅业大全［M］. 北京：中国农业出版社，2012.

［3］王志跃. 养鹅生产大全［M］. 南京：江苏科学技术出版社，2005.

［4］乔海云. 生态高效养鹅实用技术［M］. 北京：化学工业出版社，2014.

［5］魏刚才. 种草养鹅手册［M］. 北京：化学工业出版社，2012.

［6］王阳铭. 图说如何安全高效养鹅［M］. 北京：中国农业出版社，2016.

［7］刁有祥. 鸭鹅病防治及安全用药［M］. 北京：化学工业出版社，2016.

［8］程安春. 养鹅与鹅病防治［M］. 北京：中国农业大学出版社，2004.

［9］韩占兵. 养鹅［M］. 郑州：中原农民出版社，2008.

［10］杨慧芳. 养禽与禽病防治［M］. 北京：中国农业出版社，2015.

［11］刘长忠. 鹅饲料配方手册［M］. 北京：化学工业出版社.

［12］王丽丽. 禽病防治［M］. 北京：中国农业大学出版

社，2013．

　　［13］甘孟侯．中国禽病学［M］．北京：中国农业出版社，1999．

　　［14］林建坤．养禽与禽病防治（第2版）［M］．北京：中国农业出版社，2014．

　　［15］杨宁．家禽生产学［M］．北京：中国农业出版社，2002．

　　［16］陈国宏．中国养鹅学［M］．北京：中国农业出版社．2013．

　　［17］陈国宏．科学养鹅与疾病防治（第2版）［M］．北京：中国农业出版社．2011．

　　［18］李昂．实用养鹅大全［M］．北京：化学工业出版社．2003．